零基础

PPT 高手养成笔记

[日] 高桥佑磨　片山夏　著
唐燕　译

中国科学技术出版社
· 北　京 ·

图书在版编目（CIP）数据

零基础PPT高手养成笔记 /（日）高桥佑磨，（日）片山夏著；唐燕译 .—北京：中国科学技术出版社，2020.9

ISBN 978-7-5046-8764-7

Ⅰ. ①零… Ⅱ. ①高… ②片… ③唐… Ⅲ. ①图形软件 Ⅳ. ① TP391.412

中国版本图书馆CIP数据核字（2020）第160640号

策划编辑　申永刚　杜凡如
责任编辑　申永刚　杜凡如
封面设计　马筱琨
版式设计　锋尚设计
责任校对　张晓莉
责任印制　李晓霖

出　　版　中国科学技术出版社
发　　行　中国科学技术出版社有限公司发行部
地　　址　北京市海淀区中关村南大街16号
邮　　编　100081
发行电话　010-62173865
传　　真　010-62173081
网　　址　http://www.cspbooks.com.cn

开　　本　787mm × 1092mm　1/16
字　　数　200千字
印　　张　12
版　　次　2020年9月第1版
印　　次　2020年9月第1次印刷
印　　刷　北京华联印刷有限公司
书　　号　ISBN 978-7-5046-8764-7/TP·417
定　　价　59.00元

零基础

PPT高手养成笔记

[日]高桥佑磨　片山夏　著
唐燕　译

中国科学技术出版社
·北　京·

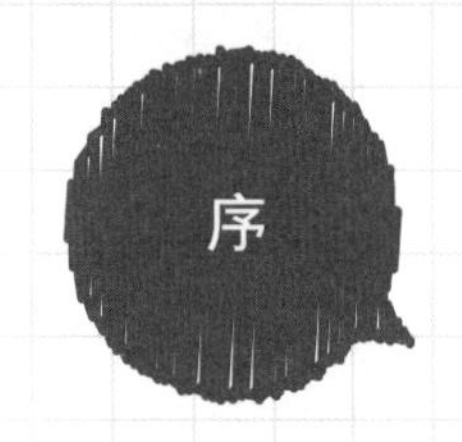

出色的设计等于不给观看者增加负担

对“设计”充满自信的人应该并不是很多，可是，却有无数的人需要在工作当中使用PowerPoint软件来制作演示资料（俗称PPT），并进行演示。如果完全不具备设计方面的知识，赤手空拳上阵，做出的方案就很难达到预期的效果，甚至连自己可能都会发出“看不明白，做得太差了”的感叹。不知道怎样才能做好的人也不在少数。但是，请你千万不要因为“没品味”“没时间”等原因就轻易放弃。所谓设计，就是为了减轻观看者和阅读者的负担，高效传递信息的一种技术。只要掌握一些基本的规则和最基础的软件操作方法，任何人都可以学会。这样一来，就可以缩短制作企划案的时间，你手头的资料会被迅速整理妥当。

世界上有各种各样不同类型的资料，在制作 PPT 时，最关键的一点就是“看一眼就能够整体把握大致内容”。

换言之，就是不要让观看者感觉云里雾里、疑惑不解。PPT 不同于书籍，它是由演示者控制操作的，读者无法按照自己的进度随意翻看。因此，如果页面结构过于复杂，文字表述不清晰，或者文本内容晦涩难懂，就会给观看者造成困扰，无法跟上演示者的节奏。明明是很好的内容，却因为不能被观看者所理解，成为一次失败的演示，那真是一件令人备感遗憾的事情。

本书将对制作 PPT 时要用到的一些设计方面的规则和知识进行介绍（本书举例所用的版本为 Microsoft 365 PowerPoint），当然，并不会涉及设计领域的所有规则，主要从文字的编辑、排版到配色等环节进行比较全面的介绍。本书的一大特色是对色觉无障碍、通用字体等幻灯片无障碍化方面进行解说。书中提到了很多在制作资料过程中会遇到的烦恼及解决方法。希望本书在 PPT 的制作方面，能为大家提供一定的参考和帮助。

高桥佑磨　片山夏

零基础

PPT 高手

养成笔记

目　录

第 1 章

什么是只需 1 秒就可实现的资料设计？

第 2 章

如何
插入文本信息？

第 3 章
图表成型，结论就呼之欲出

第 4 章 如何做出有视觉冲击感的设计？

第 5 章
在实践中提高资料制作水平

第1章

什么是只需1秒就可实现的资料设计？

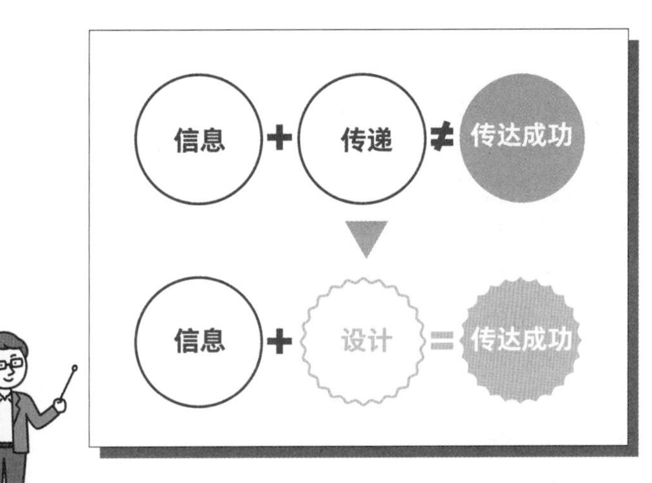

费了很大劲，做出来的PPT却难以达到预期效果，
这是为什么呢？
这是因为，不懂方法，一味埋头苦干，
只会事倍功半。

为了实现信息的准确传达

在对制作方法尚未熟练之前，容易出现反复失败的情况。想要表达的心情过于迫切，信息过多。但是，这庞大的信息量，别说是进入读者的大脑了，光是看一眼就会让他们丧失继续阅读的兴趣。到底应该怎么做，才能把想传递的内容准确传达给对方呢？

演示用到的资料，最重要的是“一目了然”。即便解说通俗易懂，如果页面上充满了密密麻麻的文字，也是无法在短时间内读完的。我们一定要记住，必须想方设法引导读者在有限的时间内看到结论。

采用视觉化方式（而非文章）进行传递

最好的梅是什么？

梅，学名 *Prunus mume*，在英语当中，Japanese apricot 指的是蔷薇科樱属的一种落叶乔木。也可指其果实。一节开一朵花，与桃花的绚烂相比，略显逊色，每年 2—4 月，会开出 5 枚花瓣组成的 1 ~ 3 厘米大小的花朵，花色为白色、粉色、红色，分别被称为**白梅、红梅**。

果实在青色时即被摘下，加工成梅干或梅酒。各地品种不同，日本全国统一的品种极罕见。因此，作为各地特产的梅干和梅酒，即便是同样的制作方法，也各有不同特色，所以，究竟什么是“最好的梅”，没有统一标准。

并不是用粗体字
和红字强调一下
就可以了。

像上面所举的这个例子，虽然词汇丰富，描述详细，但作为**PPT**来说，却很失败。演示是在有限的时间里进行的，因此并不需要那种文字多、需要花费大量时间阅读的资料。一目了然、简明扼要的PPT才是最好的。

进行视觉化设计还能避免误解

像上面所举的例子那样，在对“梅”进行说明时，如果只使用文字，观看者就会发出疑问“到底是梅树，还是梅子？”如果插入图片，就可以将想要表达的内容准确传递出去。

最好的梅子是什么？
在日本，没有统一的品种，各地有各地的特色品种。
食材（品种）不同的话，即使是相同的制作方法，做出的味道也是各有千秋。
什么是“最好”，并没有统一的判断标准！

由于增加了直观化设计，就可以很清楚地了解主题！

问题和回答一气呵成，太好理解了！

最好的梅花是什么？
红梅和白梅两个品种各有千秋。
不同的品种，所开的花也有明显差异，无法进行比较。
花开各处，但哪个最好，却很难决出高低！

为了让观看者更好地理解内容，进行**视觉化**设计是非常有效的做法。如果能借助大幅图片和文字让读者在瞬间就能了解你想要表达的内容，就会勾起他们继续观看的兴趣。让读者快速理解，并吸引他们继续往下阅读观看，这才是优秀的PPT。

PPT由四个部分构成

对于不经常制作PPT的人来说，首先，很重要的一点是了解其构成。和公司内部的工作报告不同，PPT的制作有一套正统的模式，需要牢记。

正如公司内部文件和政府公文有其固定格式一样，PPT也有固定的模板。它基本分为“**封面**”“目录（**章节**）”“**正文**”“参考资料（**附录**）”四大块。最后检查的时候，一定要对照着目录，确认是否进行了很好的分块。

遵循模板是基本原则

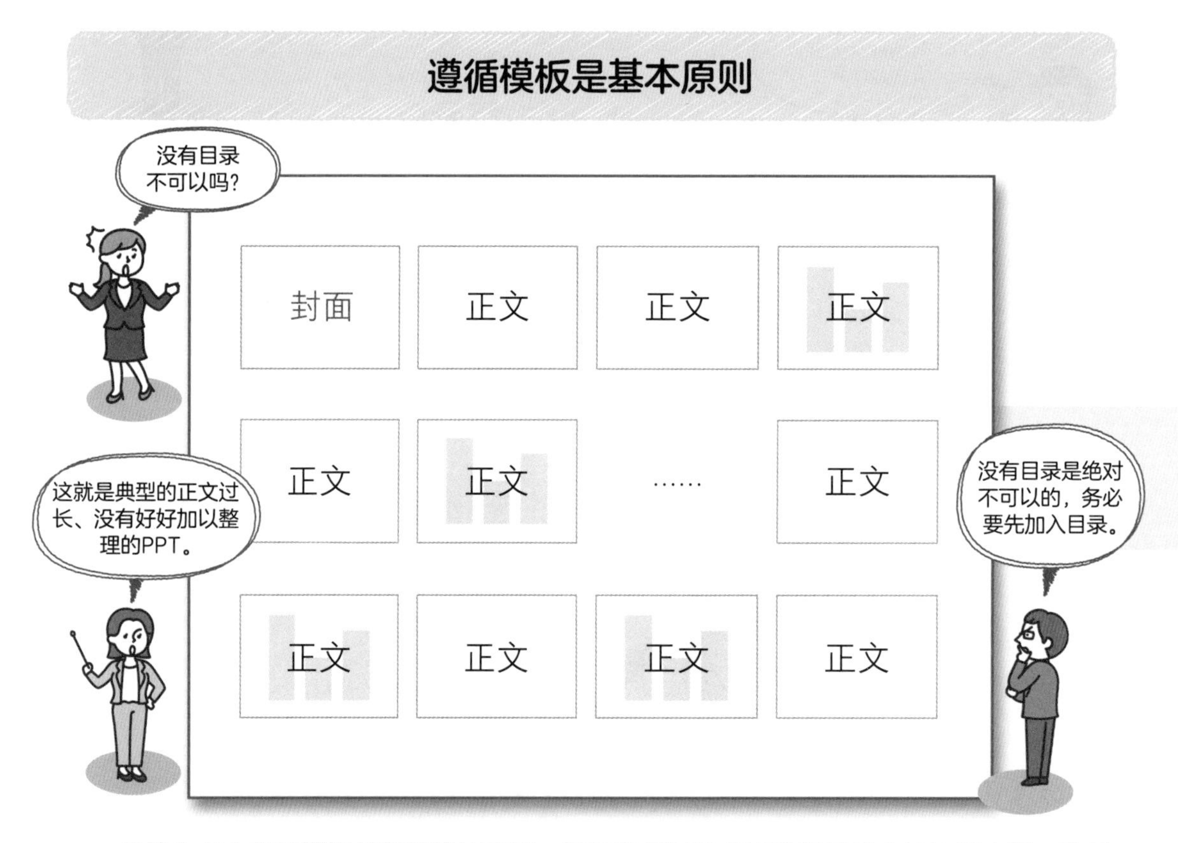

虽然也有未套用模板却很吸睛的PPT，但是我们还是应该按照最基本的流程来做。这是因为，遵循基本的流程能够方便所有人理解。而且，未添加目录的资料会给人一种“混乱的、未加整理的”感觉，所以，目录绝对不能省略。

使用页眉页面来清晰地展示结构

如果正文篇幅较长，或者项目较多，建议使用页眉页面。熟练使用目录页面，可以使你的PPT更容易被观众理解。

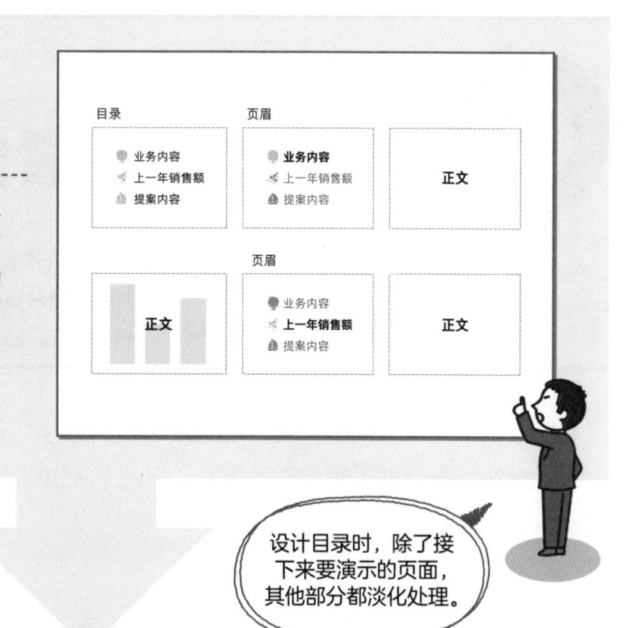

最先看到的内容重复显示的话，可读性更强。

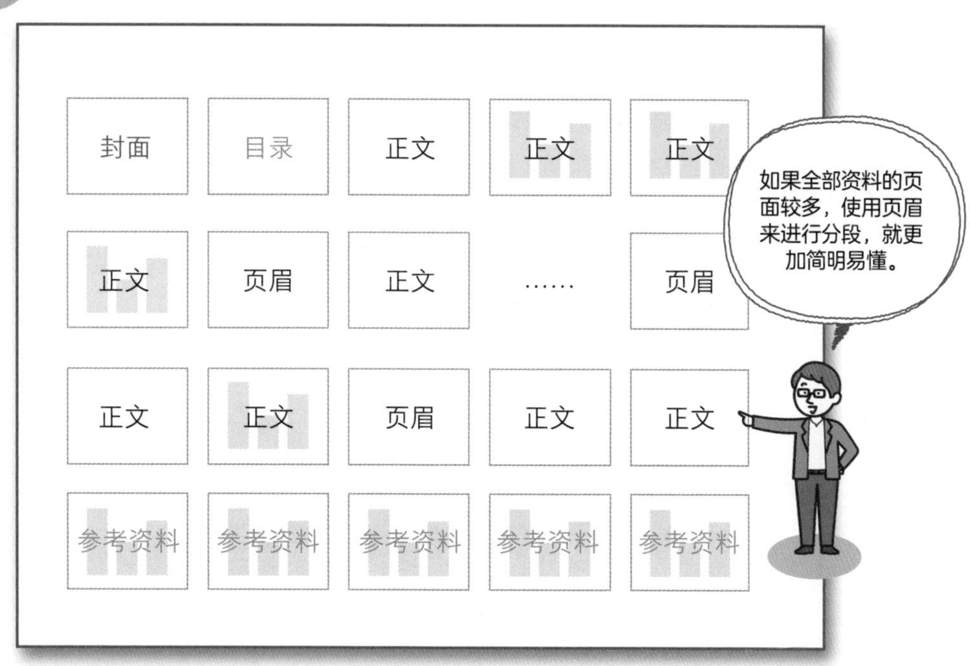

在资料页面较多的情况下，为了让结论更加清晰，建议也可以将重要度较低的图表移至附录。只是，附录终究只是正文的补充，并非必需。

正文要简洁，更多内容请看附录

如前所述，将各个页面简洁展示非常重要。由于删减了多余的图或表，而生出“论据会变弱”的担忧是毫无必要的。将具有说服力的详细数据移至附录就完全可以了。

图或表中呈现的数据，是PPT非常重要的论据。但是，如果过分拘泥于数据本身，而插入了太多的琐碎信息，就会喧宾夺主，削减了关键信息的重要地位，从而导致内容不易读懂，这一点必须注意。

过于详细的图或表会阻碍演示流程

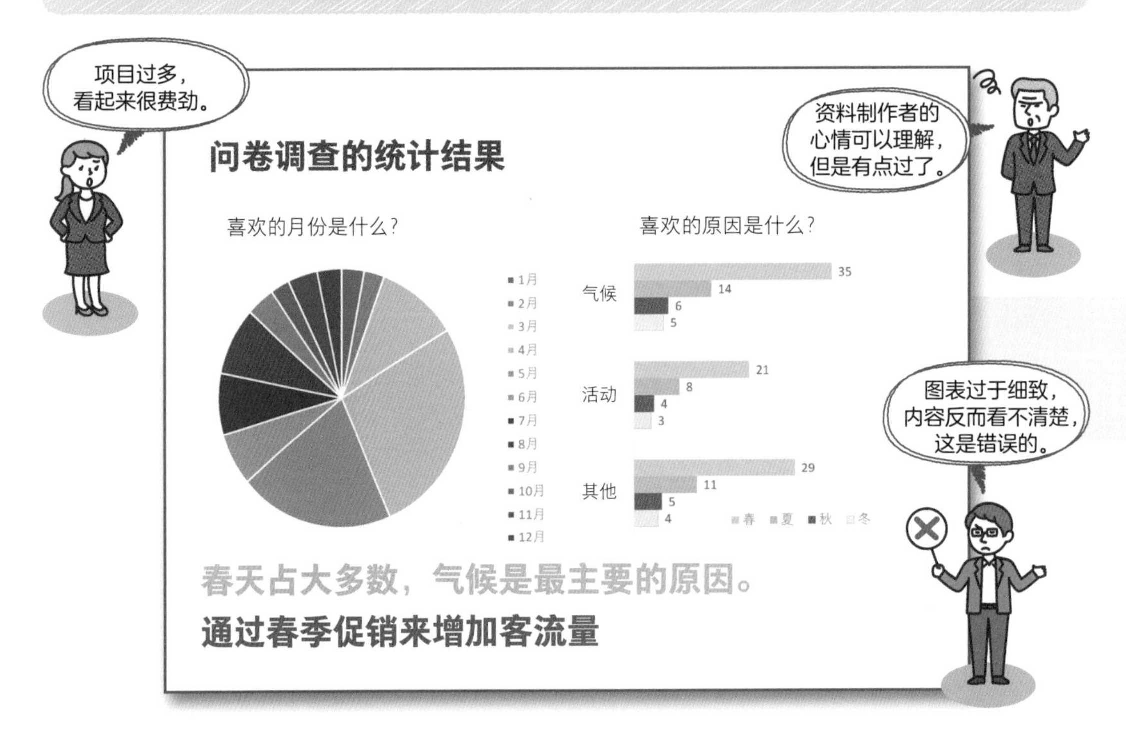

为了增加说服力，而将调查结果的详细数据都插入资料中的做法是错误的。信息量越大，项目数越多，就越会给对方增加负担。应该将**详细数据**归纳成简单的图表形式，让读者一眼看去就能明白结论。

正文的图和表归纳成数据来显示

如果将详细数据直接显示，能够迅速看明白的人是很少的。我们需要对数据进行整理，目的是让每个人都能快速地读取重要信息。

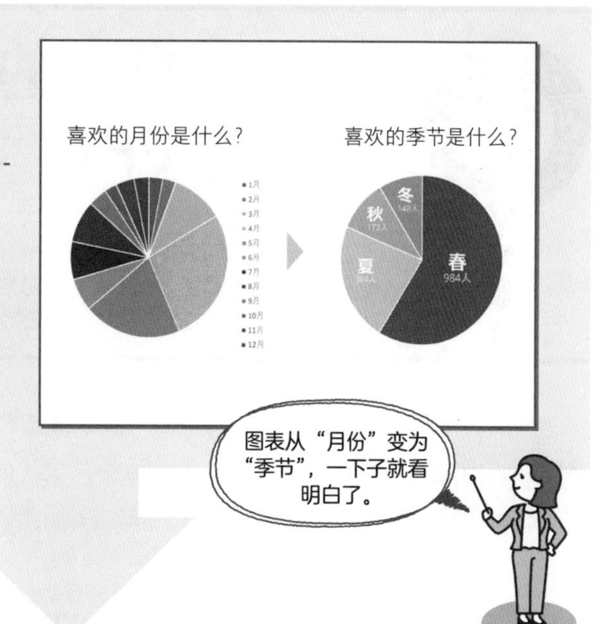

将两段按说明合并在一个图中，更加清晰易懂。

问卷调查的统计结果

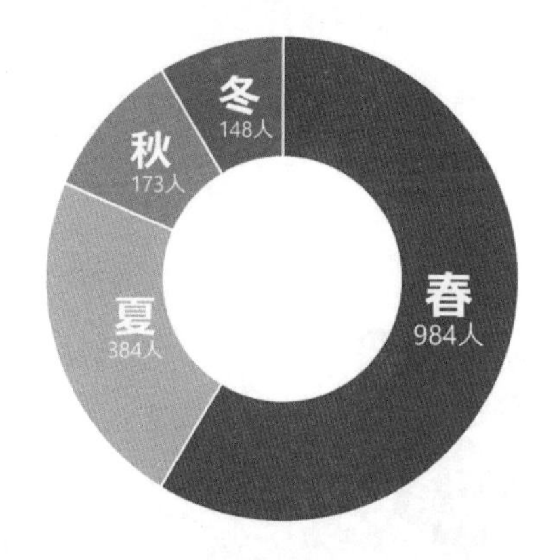

20多岁女性
最喜欢的季节
春季占**82**%
原因与气候相关
详细数据参见参考资料4

通过春季促销来提高客流量

只需将最想要传递的信息凸显即可。

为了将记录了详细数据的图表大尺寸插入而“缩小结论”的做法是不对的，正确的做法是，只将图表的关键信息用简单的形式呈现出来，并将结论放大显示。对于观看者可能想要了解的**补充**信息及详细数据，将其**链接**到参考资料即可。

04 站在观看者的角度来制作 PPT

从演示者的角度来看，必然有一些内容是他想要传递给观众的。然而，由于资料整理不当，或者信息量太大，就会给对方造成很大的负担，以致无法实现内容的顺利传达。那么，究竟要怎么做，才能让观众准确接收到自己想要传递的信息呢？

失败的案例中，最常见的情况就是“**信息量**过大”以及“**整理**不得当”。一定量的信息是必须的，但是如果内容过于冗长，就会适得其反。而且，请提醒自己，一定站在观看者的角度来准备资料，要将信息整理得一目了然，直观清晰。

整理好信息可以事半功倍

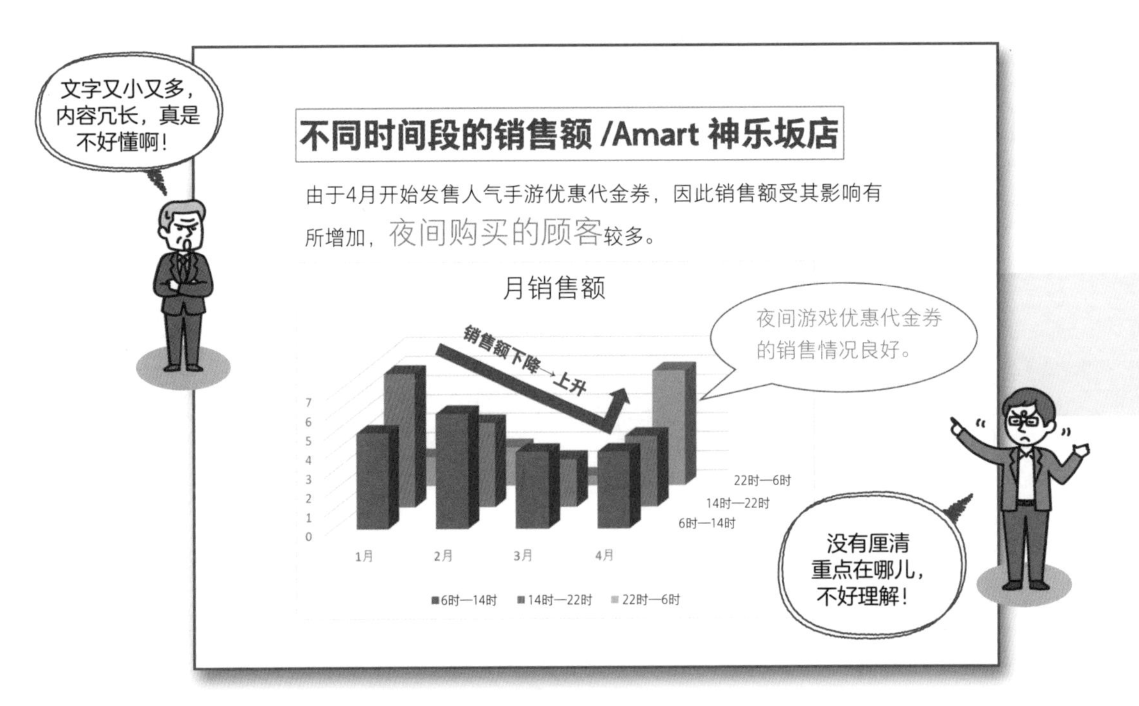

让观看者在短时间内理解页面的内容，是PPT必须具备的要素。像长句太多、满篇文字这种未加整理的PPT，会给观看者带来很大的压力，因为他们不知道哪里是重点，必须一个字一个字细读。

只保留必要的文字

要让资料变得通俗易懂，第一步是减少文字量。尽量避免长篇大论和重复表述，另外，与结论无关的语句也不要放进去。

对想要传递的信息进行整理
①“4月”“销售额回升”②原因是“代金券”

①的整理方法	②的整理方法
方法1 主标题 销售额报告→以调查报告的形式	**方法1 文章** 文章→只把部分事实进行图解
方法2 图表展示 不要立体展示→使用堆叠图	**方法2 场所** 图表的补充→结论的补充

标题在传递信息方面的作用不可忽视！

减少了文字量，加上了直观的图表，结论与标题遥相呼应，真是通俗易懂！

4月销售额回升的原因调查（Amart 神乐坂店）

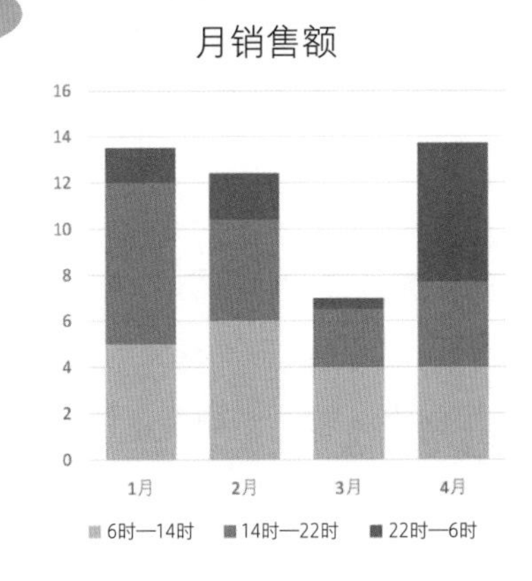

截至3月，销售额减少

4月开始，销售额回升

4月发售的手游代金券提升了销售额

很容易读懂想要传递的信息。设计很关键！

使用不同的**设计**方式，即使是同样的内容，在传递效果上也会有很大的不同。因此，在准备PPT时，我们必须牢牢记住：“读取信息方＝观看资料方”，务必要将资料整理成对方能够轻松准确理解的内容，这一步至关重要，不可缺少。

压缩信息

PPT最重要的目的是传递信息。然而，不擅长做PPT的人，就很难将他的信息传达出去。因此，我们需要剔除那些多余的无用信息，制作一份简明扼要的PPT。

PPT初学者制作的PPT中，最受人诟病的一点就是“**信息**不好理解”。之所以出现这种情况，最主要的原因是，在关键信息之外，附加了过多的其他要素。例如，使用了大量的形容词、大段的说明性文字等，这些不仅不能增加文本的说服力，反而会让信息的传递变得费力。

只需把“主角（主题）”讲清楚就可顺利实现信息的传达

文章这么长，到底想要表达什么呢？

传递信息时不要喧宾夺主

传递信息时，必须要做到简明扼要。要做到这一点，必须突出强调主题（即主角），如果文章太长，就会造成喧宾夺主的结果。

压缩信息时需要考虑什么

起补充作用的图和表是很有用处的。缩减文字，用图形来表达。有时也会出现这样的情况：虽然有图，但是由于本身文字太多，不好理解，图形也没能很好地发挥作用。总之，如果整体的信息量太多，就一定要进行缩减，这一点至关重要。

文章太长，不容易看懂，而且，下划线也太多。

为了突出“主角”，必须对各要素进行缩减

制作PPT时，不需要长篇大论。有人以为长文章可以增强文本的说服力，其实并非如此，长文章由于无法凸显重点，反而会阻碍信息的传达。而且，为了强调，长文章中难免会使用下划线和粗体字，与这种做法相比，我们更建议大家直接使用简短的语言来进行准确的表达。

对插入图表的功能要有清晰的认识

为了让文字更有说服力，有时需要插入图表来支撑。但是，如果图表过于醒目，就会削弱文字的作用，影响信息的传达。因此，务必注意图表的插入方式。

传递信息时

问题	解决方法
文章太长，不易读懂	缩短文章
主题不明显	加入标题
关联性不明确	使用图表

文字尽量简短，说明交给图表！

大段文字，用表格归纳之后，竟然变得如此简洁易懂，图表的优势无可匹敌！

只看一眼就能准确理解、充分领会演示者的意图。这种简单的方式真好！

传递信息时

突出主角
- 文字表述要浅显易懂
- 文章要有主次

去掉多余的要素
- 删掉无用的信息
- 使用图表

文字尽量简短，说明交给图表！

文字要简短，图解要一目了然。删减语言很重要。

在各个页面里，一定要把最想传递给观看者的信息，放在“**结论**”的位置，而且要用浅显易懂的语言进行表述，这样才能让观众明白重点在哪儿。必须意识到，作为结论的**依据**（文章、表、图等）归根结底只是起补充作用，是为了突出结论而存在的。

故弄玄虚的结论是不可取的

让对方轻松地读取信息，加深理解，是PPT演示很重要的一个作用。因此，前面先卖卖关子，在最后部分才“抖包袱”，从而把演示“推向高潮”，有这种想法的人大概并不少吧。但其实，这种做法是完全错误的。

逐页翻看，是PPT的前提。因此，除非是为了制造悬念，一般不建议把结论留到下一页才呈现。每一页要传递的**情节**，如果总是故弄玄虚，摆出“且听下回分解”的架势，反倒会给人留下**负面印象**。

每页要各有一个结论

还要等到下一页，我不认为会有什么意想不到的答案。

春季商品促销宣传计划①

面向老年人的健康食品“α1”

结论到底是什么？快点说啊！

销售不佳的原因是什么？

● 贵吗？

→比其他公司便宜

● 不知道有什么疗效？

→广告有具体介绍

想知道原因吗？请看下页

故弄玄虚，会让对方失去耐心！

在介绍新产品的PPT中，有时会用到这种“把结论留到下一页再说”的做法。但是，初学者慎用。因为，下一页的结论，又必须要与再下一页的内容进行良好的衔接。总是把结论往后延迟，如果本身信息量不够多的话，就会让对方产生意犹未尽、不够完美之感。

“结论在下页”适用于情节性较强的资料

把结论放在下一页，意味着这个结论将要开启另一个新话题，这就需要在两者的必然性上下功夫。如果只是因为“篇幅所限，结论放不进去”，那应该做的事情是整理页面的文字，而不是把结论推后。

春季商品促销宣传计划①

面向老年人的健康食品“α1”

调查问卷结果
●周围没有人使用
●不喜欢广告演员

要用口碑延续了三代的能让观众产生共鸣的明星来做广告

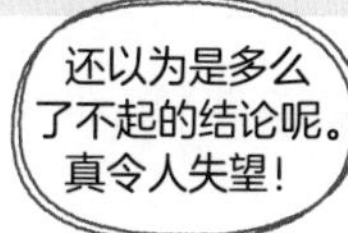

还以为是多么了不起的结论呢。真令人失望！

正确的做法是，每页一个结论，这样心里更踏实。

春季商品促销宣传计划①

面向老年人的健康食品“α1”

在以前的促销活动中销量不佳的原因
是因为贵吗？→不是
是因为没有疗效吗？→不是

从调查结果来看
● 周围没人有使用
● 不喜欢广告演员
● 没想着要用

目标：口碑延续三代，能产生共鸣

结构清晰。与单纯吸引眼球相比，准确传递内容更重要。

在PPT中，每页的结论尽量显示在当页中。而每个结论又与下一页的内容紧密相关，合理衔接，这是最好的**节奏**和理想的流程。每一页的简单结论相加在一起，形成最终的大结论，要做到这一点，需要好好下功夫去设计。

简单逻辑

当你想要提出某个方案时，往往需要制作PPT。为了让对方接受你的提案，简明扼要、通俗易懂是至关重要的。为了做到这一点，就需要用简单的逻辑来明确你的观点。

当你表达自己的观点时，首先必须要明确你想要传递的内容究竟是什么。如果频繁使用"因为……，所以……"这样的表达方式，只能强调依据（即原因），而模糊了真正想要传递的信息。为了避免这种情况的出现，非常重要的一点就是，把依据和结论进行简单有效的衔接。

依据和结论一目了然的设计方式

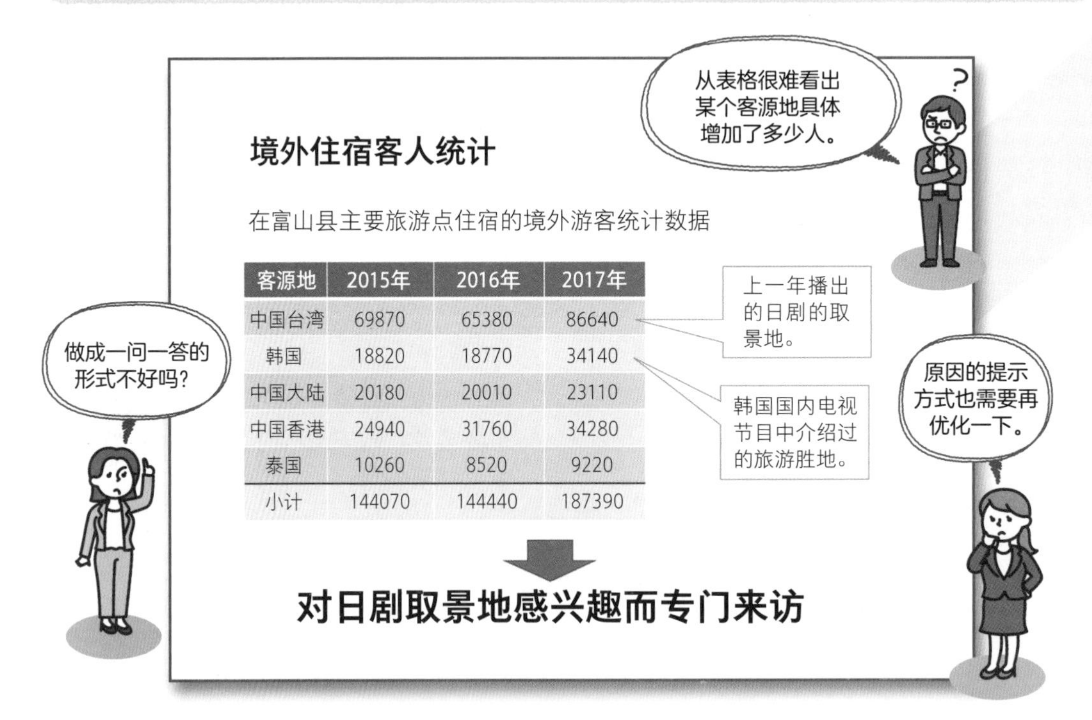

境外住宿客人统计

在富山县主要旅游点住宿的境外游客统计数据

客源地	2015年	2016年	2017年
中国台湾	69870	65380	86640
韩国	18820	18770	34140
中国大陆	20180	20010	23110
中国香港	24940	31760	34280
泰国	10260	8520	9220
小计	144070	144440	187390

对日剧取景地感兴趣而专门来访

在介绍新商品和企划案的PPT中，对依据（即原因）的提示是非常重要的，它是导入最终提案的必经之路。这种情况下，通常会采取从"**现状分析**"到"**提出问题**"，再到最后的"解决方案"这样的步骤来进行，但如果资料整理不得当，就会给人一种操之过急、缺乏说服力的感觉。

境外住宿客人统计

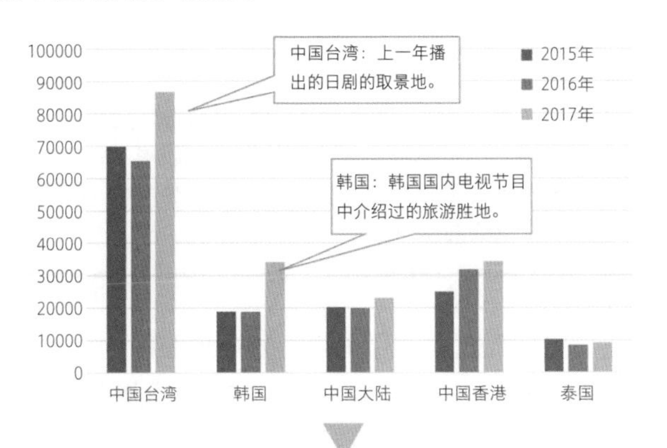

影视剧外景拍摄地，可以很好地招揽境外观光客。

这个图还可以进一步优化，删除多余的柱状图及数据。

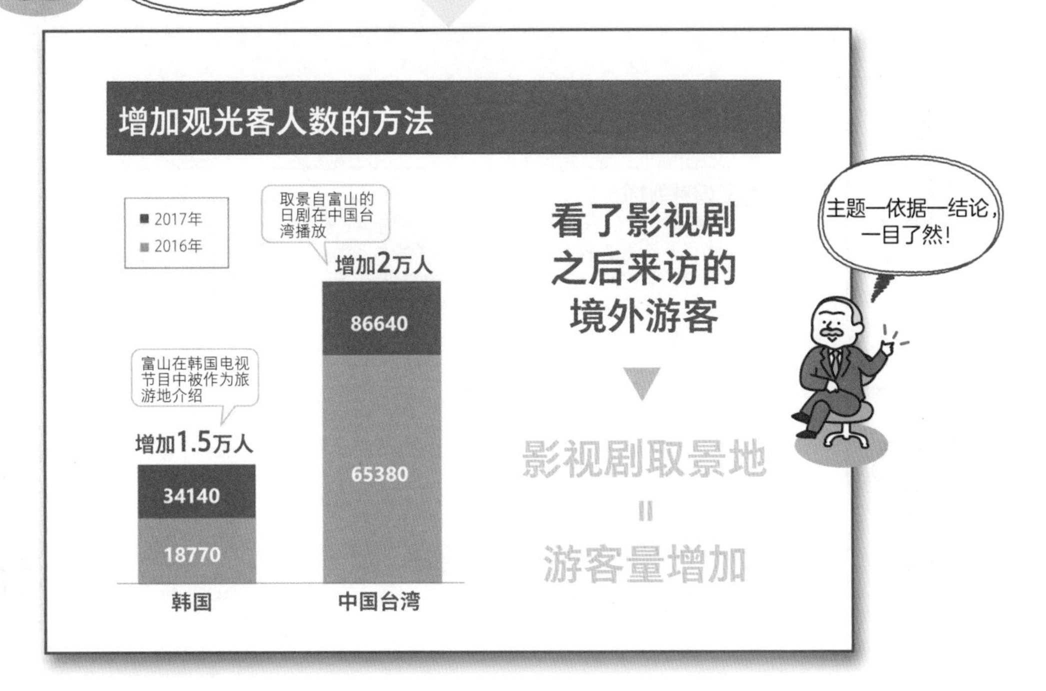

在PPT中，对**逻辑**进行简单的重复是最好的做法。作为依据，从现状分析开始提出问题，然后以结论的方式提出解决方案（新商品、新方案）。把各页的结论作为依据叠加在一起，就能够很好地增加说服力，让观看者明白“为什么新商品、新方案是必要的”。

拿出舍弃的勇气

在制作PPT时，最常见的失败是，由于想要传递的信息太多，PPT中塞入满满一大堆内容，复杂难懂，让观看者丈二和尚摸不着头脑。关于这一点，前文已经提到过了。那么，到底哪些应该保留，哪些应该果断舍弃呢？要以观看者是否能明白为标准，来对资料内容进行严格筛选。

与公司内部报告不同，PPT最重要的作用是，要在短时间内让对方大体明白主要内容。因此，要常常问自己，结论和信息是否准确传递出去了？作为**依据**呈现的数据，如果过于精细，也会占用大量阅读时间，给对方造成负担，从而招来**负面评价**。

将最小限度的必要信息进行简单明了的传递

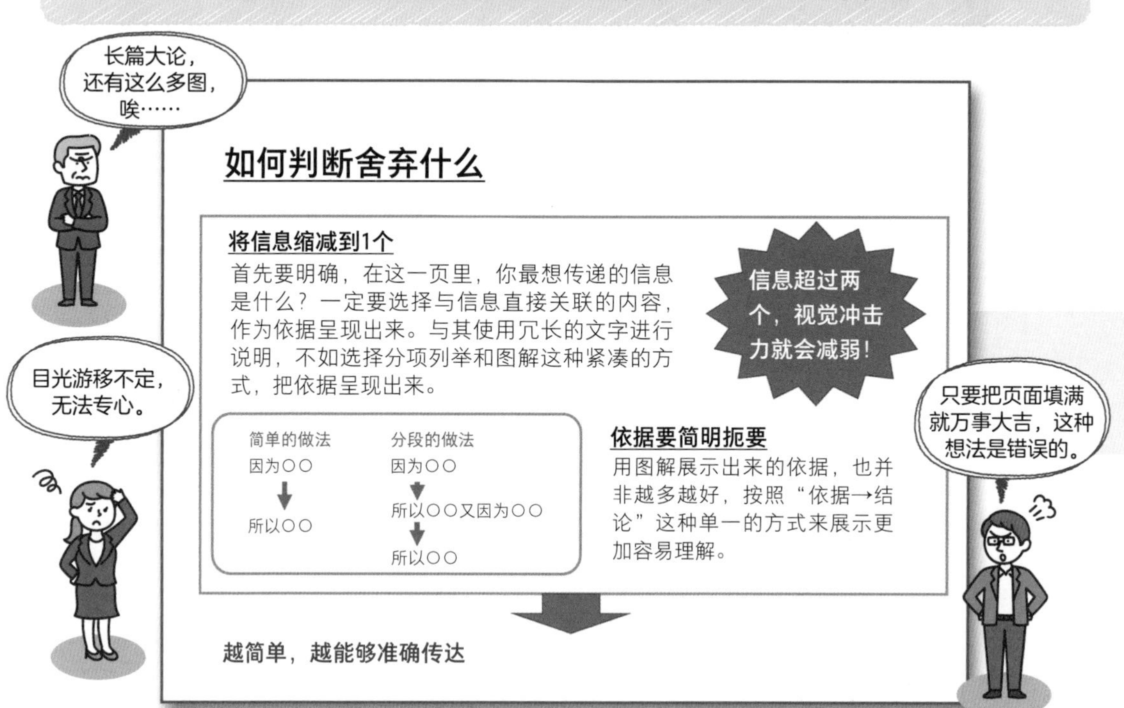

为了增加说服力而加入大量的内容，这样反而会削弱关键信息的重要性，给人留下的印象也会大打折扣。为了传递关键信息，就必须舍弃那些无用的内容。

一开始就要确定好标题和信息的位置

为了避免塞入过多内容，建议先把标题和关键信息编辑好，接下来可以根据页面剩余空间的大小，来决定添加哪些内容，舍弃哪些内容。

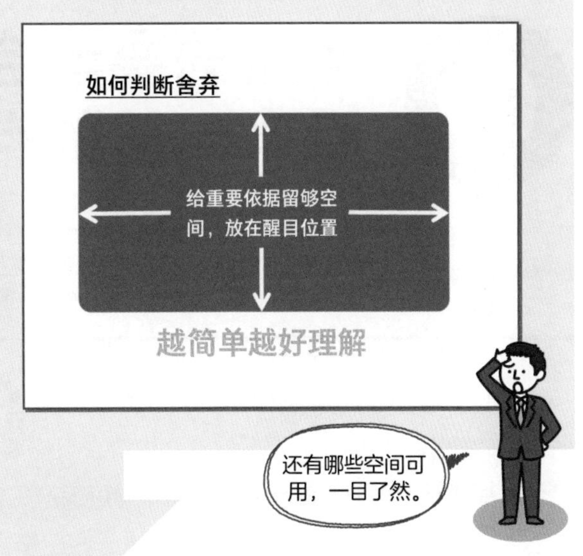

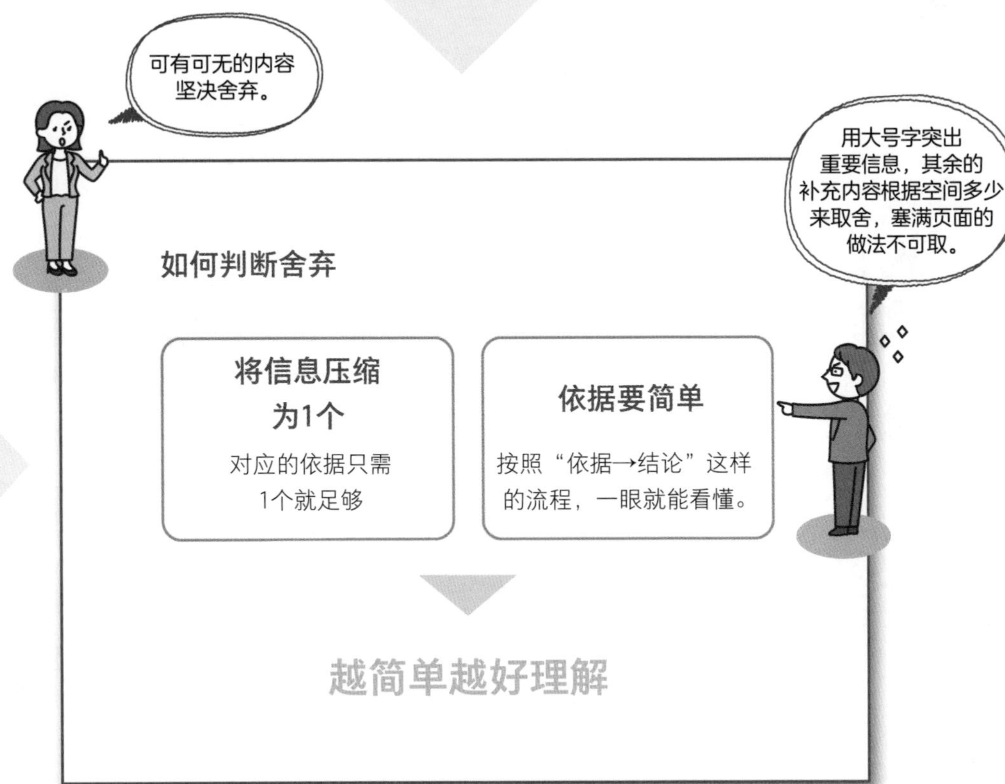

可有可无的内容坚决舍弃。
用大号字突出重要信息，其余的补充内容根据空间多少来取舍，塞满页面的做法不可取。
如何判断舍弃
给重要依据留够空间，放在醒目位置
将信息压缩为1个
对应的依据只需1个就足够
依据要简单
按照“依据→结论”这样的流程，一眼就能看懂。
越简单越好理解
还有哪些空间可用，一目了然。

超过两个以上的依据，虽然能够增强说服力，但是，插入多个图表会**分散**视线，反而适得其反。想要突出重点，就必须将信息及对应的依据压缩到1个，将其他作为补充资料的详细数据中的80%的内容放在附录中显示。

无用的要素会成为噪声一般的存在

制作PPT时，很重要的一点是，让观看者的注意力只集中在主旨上，而不给他们增加额外负担。因此，必须删除那些无关紧要的内容，减少无效内容，即“噪声”。大家应该养成这样一种习惯，在制作PPT时思考一下，什么才是真正需要的。

在制作PPT时，有一条铁律，那就是：只传递必要的信息，方式要简明扼要、通俗易懂。像公司的标志、日期、会议名称这些内容，只需要在封面显示就可以了，没有必要每一页都显示。那些对于正文的信息量和页面布局可能产生负面影响的要素，一定要果断去除。

“无效内容即噪声”是何意？

公司名和标志在每张幻灯片上都出现，有必要吗？

某协会　2019年9月　例会

问卷调查的方法和结果

目的与内容

为了获得当地农业主产品葡萄的栽培推荐依据，对其在市场的受欢迎程度进行了调查。

2019年8月15—22日，在东京都内的超市，以500名顾客为对象进行了以下调查并得到回答。

1. 喜欢吃葡萄吗？
2. 这个品种的葡萄好吃吗？
3. 在价格相同的情况下，会选择购买这个品种的葡萄吗？

※数据来源：某协会农作物意识调查问卷，2019年8月15日—8月22日进行的调查。

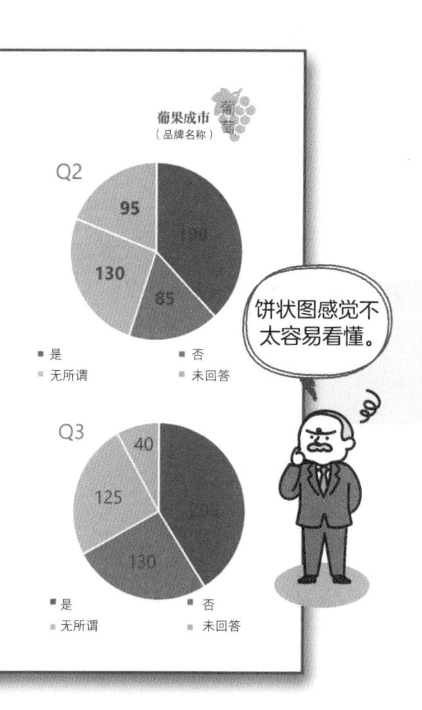

最下面的注释也太长了

对页面的**多余空间**念念不忘像填空一样不断地塞入内容，实际没有必要，除本页提出的重要信息之外，注释以及图表的边线等，也只不过是无效内容，即**噪声**。

注释部分的文字大小及位置不当会增加阅读者的负担

图表的出处等需要做出注释的部分，一定要注意文字大小及位置。记得要使用小号字，并放置在页面的角落，这样才不会占用读者太多的时间。

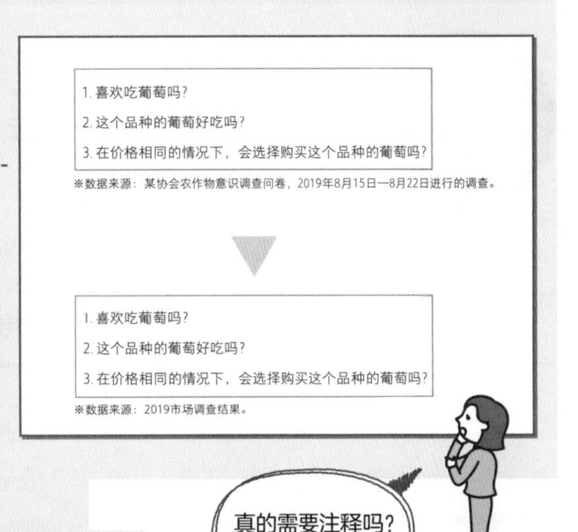

问卷调查的方法和结果

目的与内容

为了获得当地农业主产品葡萄的栽培推荐依据，对其在市场的受欢迎程度进行了调查。

2019年8月15—22日，在东京都内的超市，以500名顾客为对象进行了下述调查并得到了右边的结果。

1. 喜欢吃葡萄吗？
2. 这个品种的葡萄好吃吗？
3. 在价格相同的情况下，会选择购买这个品种的葡萄吗？

※数据来源：2019年市场调查结果。

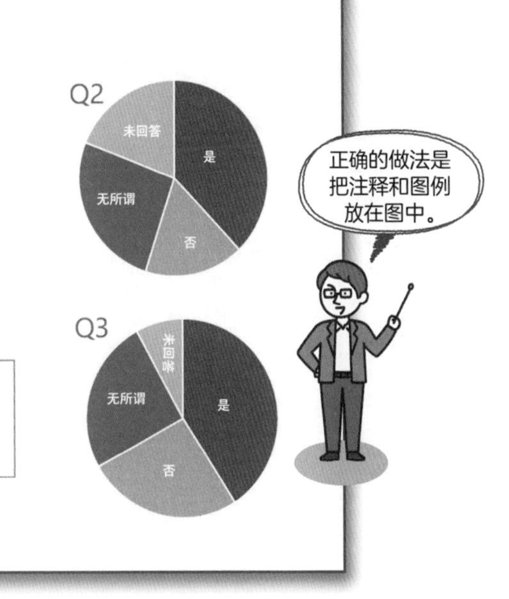

越是内容多的页面，越需要有意识地去删除那些无用的要素。提高PPT的直观性和简洁性，通常可以采取以下做法：把重要信息归纳在封面上；图表中的内容不做过细分类，插入项目名即可；正文部分如果缩减文字导致行数减少的话，对文章内容进行修改。

不使用动画

将文字、照片、插图这些用动态效果显示和移动，会给人一种很酷的感觉，给观看者留下深刻的印象。PowerPoint也可以进行这样的操作，但是运用娴熟是比较难的事情，所以为了保险起见，最好不用。

在众人面前，大屏幕投影上，如果使用**动画效果**展示PPT，确实能够产生强烈的视觉冲击感。在大屏幕上，让文字和照片动起来，能够给人眼前一亮的感觉。但是，这种做法只是给观看者的第一印象比较深刻，除此之外，别无其他优点。

动画效果是失败的元凶

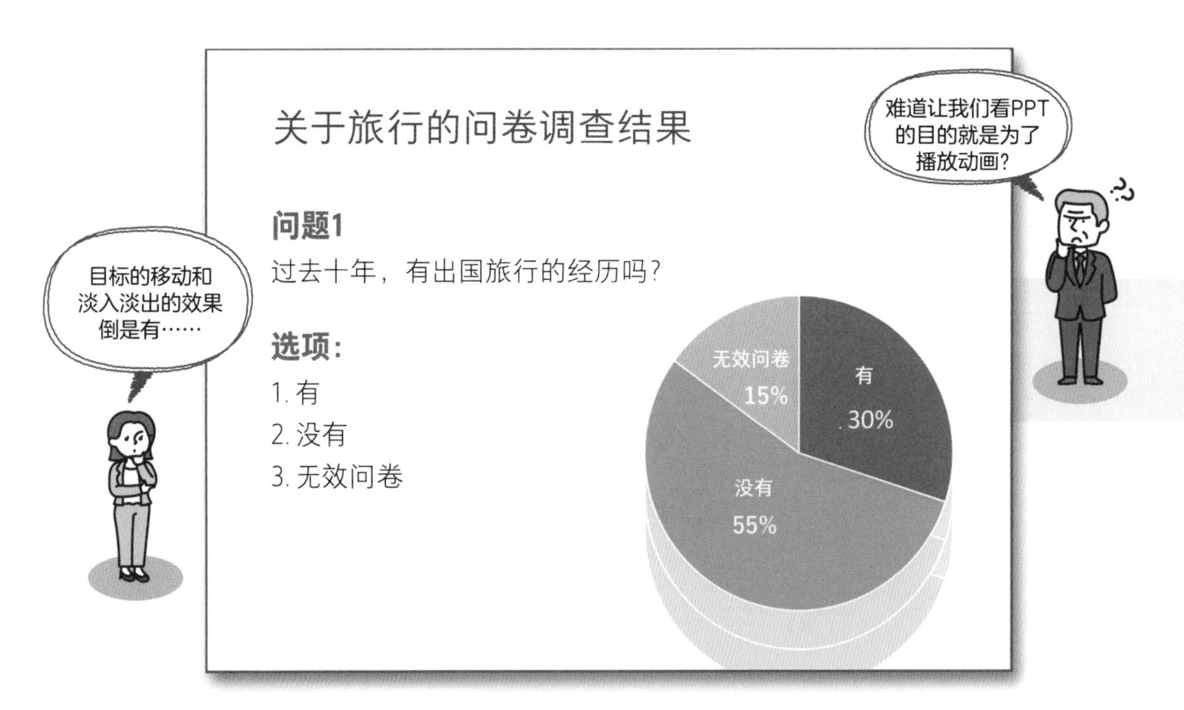
关于旅行的问卷调查结果
问题1
过去十年，有出国旅行的经历吗？
选项：
1. 有
2. 没有
3. 无效问卷
无效问卷 15%
有 30%
没有 55%
目标的移动和淡入淡出的效果倒是有……
难道让我们看PPT的目的就是为了播放动画？

演讲的时候，如果只是为了给对方留下深刻印象，那就不建议使用动画效果。因为动画的**缺点**很明显，比如会让人以为“明明看资料就可以理解的内容，非要用动画展示，白白浪费时间”，而且到了答疑环节，播放时又会出现动画，就会占用过多时间，降低观看者的兴致。

会出现和文字重叠，看不清楚的情况

如果把注意力过多地集中在动画效果上，就有可能出现意想不到的失误，比如忘记把关键词放进页面中，或者因为追求动画效果而导致整个页面布局混乱。

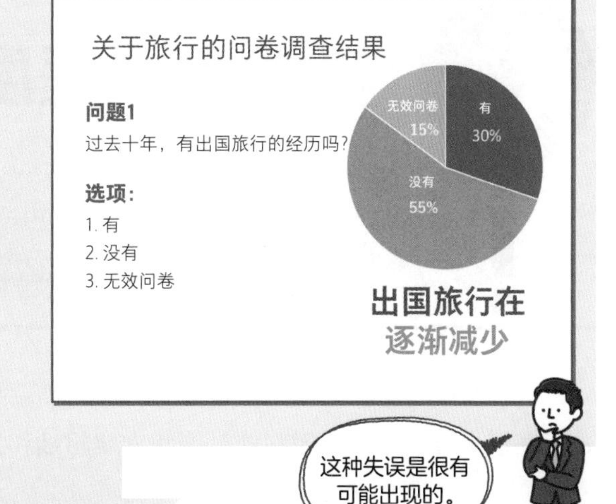

这种失误是很有可能出现的。

有没有动画，都不会影响结论。

问题1

过去十年，
有出国旅行的经历吗？

选项：

1. 有
2. 没有
3. 无效问卷

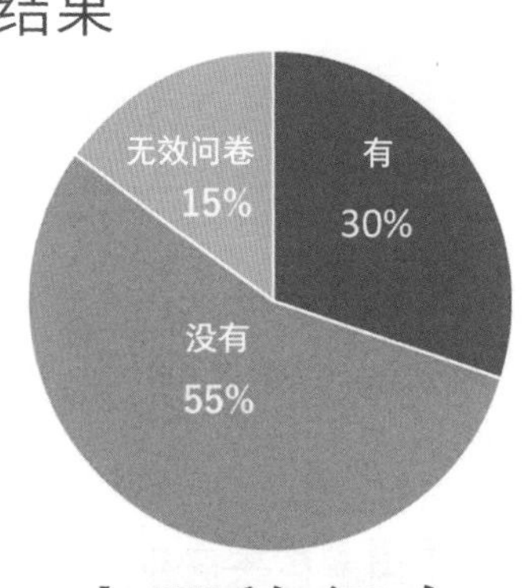

出国旅行在
逐渐减少

不用动画，一眼就能看出结论。

动画效果具有“吸引眼球”“突出关键词”等优点，但是这些完全可以通过在PPT中页面设置和更改文字大小等文本方面的编辑来实现。仅仅依赖瞬间视觉冲击的动画效果，在PPT中还是尽量避免为宜。

根据重要程度来设计文字

为了传递观点和提案，PPT中会出现大量的文字和段落。这些文字本身也在传递着重要的信息，如果没有意识到这一点，仅仅把文字进行单纯的罗列，就会主次不明，令观看者难以把握重点。正是因为文字的出现频率最高，所以才要在设计上多花心思。

为了制作一份任何人都能看懂的PPT，需要根据信息的重要程度来改变文字的显示方式。在这个过程中经常用到的是调整**文字粗细**和**文字大小**，这样做更容易从直观上把握重要性。

文字的粗细和大小要分层显示

文字的简单罗列过于单调，看不出层次。

【用文字的粗细度来加以区别】

如果文字没有粗细上的差别，看起来就比较费劲，无法给观看者留下好的印象。

【用文字的大小也可以进行区别】

小标题和正文可以通过字号大小来加以区别，这样就更加清晰醒目。

【用颜色来区别重要程度也是有效的方法】

用颜色把小标题和正文加以区分，可以使文本层次清晰，内容易懂。

不全部看完，就难以理解资料的结构和演讲者的思路。

通过字号大小和文字粗细来区分主次，突出重点。

页面中的层次结构，可以通过给小标题加序号或符号（例如上面PPT中的【 】），或者正文部分段首缩进1格等方式来体现。但是这样做的效果比较有限，并不能很好地区分主次。我们更建议直接把小标题设置成大号字，这样效果会更明显。

文字加粗之后，立刻就能看出哪个是小标题。

用文字的粗细度来加以区别

如果文字没有粗细上的差别，看起来就比较费劲，无法给观看者留下好的印象。

用文字的大小也可以进行区别

小标题和正文可以通过字号大小来加以区别，这样就更加清晰醒目。

用颜色来区别重要程度也是有效的方法

用颜色把小标题和正文加以区分，可以使文本层次清晰，内容易懂。

工具栏的“B”按钮也可以加粗文字。

小标题的颜色也更改一下吧。

用文字的粗细度来加以区别

如果文字没有粗细上的差别，看起来就比较费劲，无法给观看者留下好的印象。

用文字的大小也可以进行区别

小标题和正文可以通过字号大小来加以区别，这样就更加清晰醒目。

用颜色来区别重要程度也是有效的方法

用颜色把小标题和正文加以区分，可以使文本层次清晰，内容易懂。

通过改变字号大小、粗细及颜色，来体现层次。

调整好文字大小之后，还有一个步骤不要忘记，那就是为了区别小标题和正文，需要把小标题的字体加粗。通过加大、加粗这样的处理方式，可以增强小标题的可视性和辨识度，如能再更改一下颜色，就更加醒目了。

颜色不超过两种，力求简洁

在PPT中，可以对文字和图表的颜色进行自由设置，但是，若为了引人注目而使用多种颜色，就容易让观看者产生混乱感，不明白到底哪个部分才是重要的。也就是说，颜色过多，反而会阻碍信息的准确传递。

“使用丰富多彩的鲜艳色，能增强醒目感”，出于这种考虑，在页面中使用多种颜色，但这种做法是完全错误的。因为大多数人都会无意识地把同一种颜色看作一个集合，根据颜色来理解内容。缺乏**统一感**的色彩使用，会给观看者带来困扰。

确定主题色和强调色

颜色太多了，看得眼花缭乱。

颜色过多，会产生视觉混乱

使用过多的颜色，就增加了理解的难度。超过5种颜色，是绝对要禁止的。这样会让观看者产生混乱感。

颜色的使用是有规则的

除了颜色的数量，还有一点需要注意，就是颜色的使用规则。如果小标题和正文使用同样的颜色，也容易引起混乱。

除了黑色外，再选择2种颜色

最多使用3种颜色。黑色是必选色，其余2种颜色根据需要进行选择。

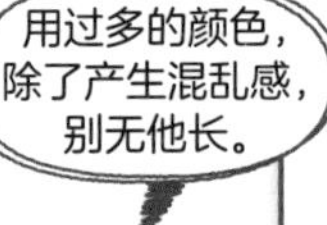

用过多的颜色，除了产生混乱感，别无他长。

颜色应该如何区别使用呢？

整个PPT里面，必须要统一的一点，就是**颜色的使用**规则，颜色越多，信息的读取就越困难。除了黑色文字和白色背景之外，使用的颜色如果超过3种，是毫无意义的，会让你的资料变得晦涩难懂。

通过改变颜色深浅，来体现重要度

按照前述的颜色使用规则，同一资料中不能超过3种颜色。但有时又想用颜色来区别不同的内容，颜色少不够用，应该怎么做才好呢？我们可以通过调整颜色的深浅来实现这个目的（颜色变浅，存在感就会减弱）。

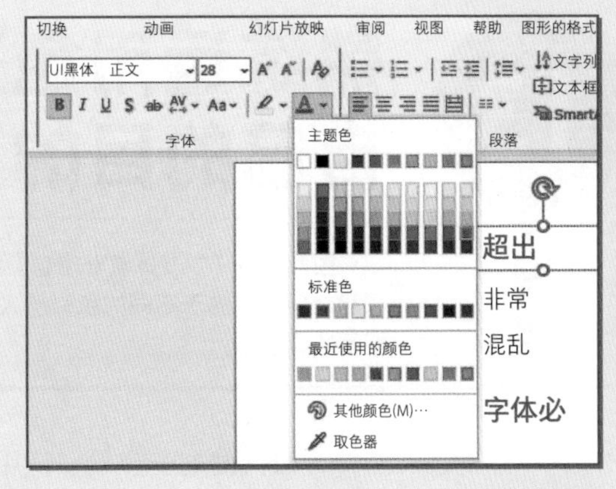

在“主题色”一栏中纵向选择，就可以调整颜色的深浅。

黑色、白色以及主题色，有没有强调色？

颜色过多，会产生视觉混乱

使用过多的颜色，就增加了理解的难度。超过5种颜色，是绝对禁止的。这样会让观看者产生混乱感。

颜色的使用是有规则的

除了颜色的数量，还有一点需要注意，就是颜色的使用规则。如果小标题和正文使用同样的颜色，也容易引起混乱。

除了黑色，再选择2种颜色

最多使用3种颜色。黑色是必选色，其余2种颜色根据需要进行选择。

暖色系的橘色有很好的强调功能啊！

在制作PPT时，一开始就要确定整体的主题色和强调色。还有一点非常重要，那就是，在同一个页面内，不过度使用强调色（即不要增加强调色部分在整个页面中的占比）。

熟练运用色彩达到自己的目的

色彩在PPT中发挥着非常重要的作用，色彩使用得当，可以让信息的传递变得更加顺利。但是，由于不同的色彩给人的感觉和印象也各不同，所以必须根据资料的内容，慎重选择色彩。

PPT中的色彩选择，最关键的一点是，使用**色彩数量**避免过多，熟练运用色彩达到自己的目的。如果信息内容和色彩本身的印象不相符的话，就会产生违和感，影响信息的准确传达。因此，色彩的选择必须慎重。

对色彩印象（色彩本身给人的感觉和印象）的运用要娴熟

想要表达的内容和色彩印象相差过于悬殊的话，信息的传递就成问题了。另外还需注意，同一个色彩会存在正面和负面两种印象。企业的主题色如果再现得不充分，会给人留下不好的印象，可以使用**取色器功能**对色彩进行精确再现。

色彩的正面印象和负面印象

正如红色代表热情和危险，蓝色代表凉爽和冷酷，同一个色彩具有正负两面印象的情况并不少见。因此，对于这种能产生心理效果的色彩，一定要进行有效的选择。

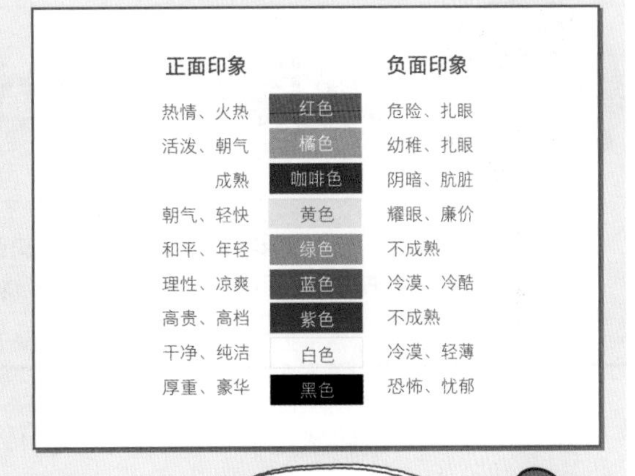

正面印象		负面印象
热情、火热	红色	危险、扎眼
活泼、朝气	橘色	幼稚、扎眼
成熟	咖啡色	阴暗、肮脏
朝气、轻快	黄色	耀眼、廉价
和平、年轻	绿色	不成熟
理性、凉爽	蓝色	冷漠、冷酷
高贵、高档	紫色	不成熟
干净、纯洁	白色	冷漠、轻薄
厚重、豪华	黑色	恐怖、忧郁

注意：不要选择和文字内容具有相反印象的色彩。

色彩印象真的很强烈啊！

冷气开放中

SPRING SALE

优惠 10%

森林疗法

Facebook
Twitter

信任和信用

按照色彩印象来选择颜色的使用，可以让内容的理解更准确！

色彩运用得当，可以更直观地传递信息。例如，正面的、积极的提案，建议使用暖色系的基本色，而做分析的时候则应该使用蓝色，能给人一种冷静的印象。通过色彩的组合使用，能增强PPT的魅力，让读者在无意识当中被吸引。

选择通用设计色彩

有意识地利用色彩印象，为更多的人提供更易理解的资料，基于这种考虑而诞生的通用设计（UD）色彩，是我们应该好好掌握的。

色彩本身具有的印象，虽然有助于信息的传递，但也并非所有人都适用。具有某些**色觉特性**的人，能够辨识的色彩，比普通色觉特性的人要少，比如红绿色盲就无法辨别红色和绿色。因此，**色彩使用**的要点是选择所有人都能够辨识的颜色。

推荐使用黑色、橘色和蓝色

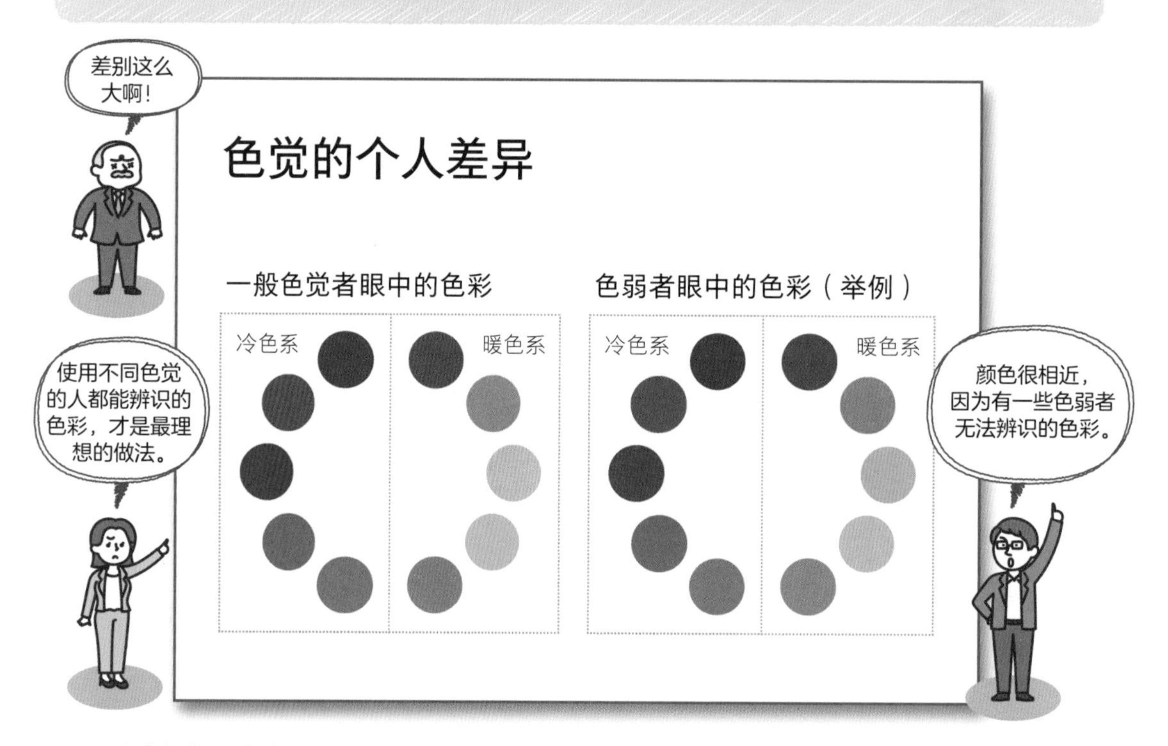

通过色觉调查发现，P型和D型色觉（即通常所说的红绿色盲）的人，很难辨识暖色系和冷色系内部的各种不同色彩，同时，这类人群也很难分辨明亮度没有差异的色彩组合。因此，在选择色彩时，最好选用冷色和暖色的组合以及明亮度有差异的色彩组合。

黑色字稍稍调浅一些，变成灰色更好

白色背景的页面中，如果使用黑色字，**对比度**太高，不是最好的选择。建议把文字颜色调成灰色，视觉上更容易接受。

在白色背景的页面中，使用灰色字来代替黑色字，视觉上更舒服。

▼

在白色背景的页面中，使用灰色字来代替黑色字，视觉上更舒服。

这样一调整，视觉效果确实更好了。

原来有无障碍色彩组合啊，怪不得之前推荐使用橘色和蓝色。

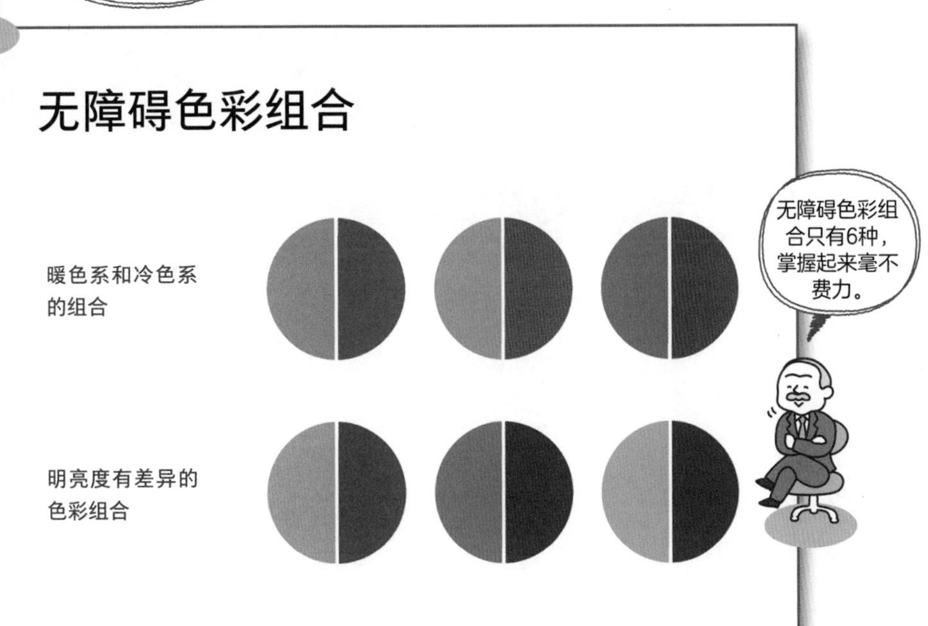

为了让色弱者也能看明白PPT，就要避免使用难以辨识的色彩组合。

关键词 → ☑ 图、表、照片、简单化

尽量使信息“可视化”

PPT中，有时需要录入较多的信息，如果不加编辑处理，直接以文字的形式展示出来，就很难在一瞬间让观看者理解资料的具体内容。为了解决这个问题，就必须对信息进行“可视化”处理，让对方一目了然。

在短时间内，把想要传递的信息准确无误地传达给对方，为了实现这个目的，就必须对PPT中的信息进行设计处理，使之简明易懂。例如，插入**图**和**表**、使用**照片**传递信息等。说是设计，其实也并不是多么高深的学问，规则很简单，每个人都能轻松掌握。

插入图表增强直观性

新商品销售额报告

时间	销售额	
	类似商品	新商品
第1个月	140	153
第2个月	162	202
第3个月	151	180
第4个月	128	250

4月开始发售

6月开始进行广告宣传

销售额的增长明显有别于同类商品

看不出来哪里是重点。

在销售报告的页面上，要体现每月的销售额，如果直接使用Excel表格，就缺乏直观性，很难瞬间抓住观看者的眼球。最好设计成简单的图来归纳内容，或者对表格进行**简单化**处理。而对于记录了详细数据的表格建议挪到附录中。

不用图的形式，也可以让表格变得可视化

不用图的形式，也可以让塞了满满信息的表格变得可视化。例如，省略数据，只把变化趋势、对策和结果展示出来。完全没有必要在图的问题上纠结。

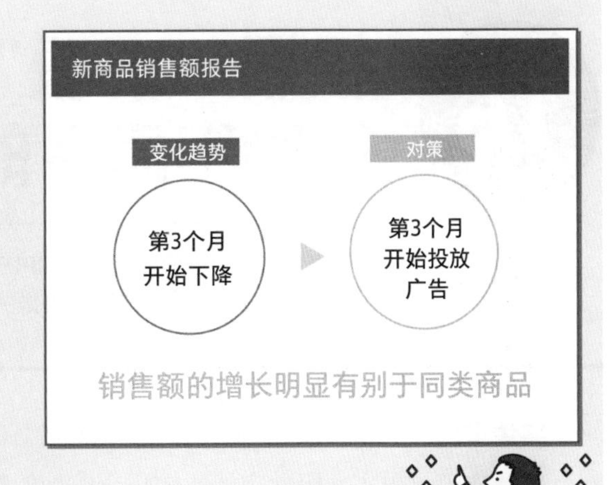

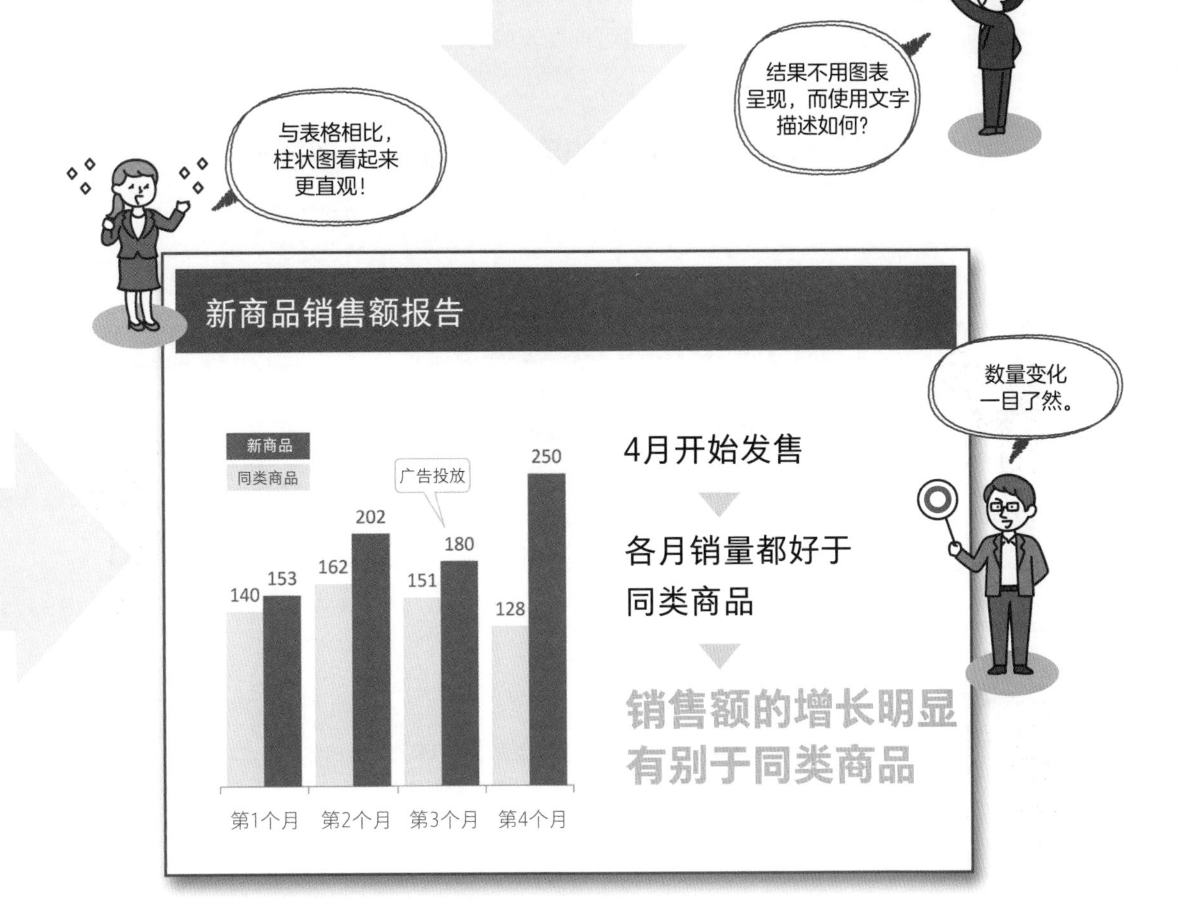

Excel表格虽然可以明确显示各数值，但是数字太多，令观看者很难把握重点，因此最好使用图的形式，对数字进行可视化处理。如果想要突出销售额减少这一变化，强调对策的重要性，建议选用柱状图，其优势是可以直观地显示出变化量。

根据“观看”和“阅读”两种不同目的来选择合适字体

想要设计出一份简明易懂的PPT，就要让观众能够清晰地“看到”文字，流畅地“阅读”文本，这就需要有意识地根据不同目的对字体进行编辑处理。

字体主要指的是黑体、明朝体等文字类别，使用Word编辑的文本，属于“阅读型”资料，文章内容是重点，因此字体比较适合较细的**明朝体**。而使用PowerPoint制作的演示幻灯片，属于“观看型”资料，字体宜选用可视度较高的**黑体**。

使用线条粗细不同的字体，效果大相径庭

较长的文章避免
粗体字，会影响
阅读效果。

根据不同的目的来选择字体

越长的文章越适合纤细的字体

一般来说，使用Word编辑的文章，大都比较适合明朝体，而PPT中，即使文字量比较多，选择黑体也是比较保险的做法，因为明朝体在显示屏上不易辨认。当然，文字越多，越适宜较细的黑体字。

小标题和重点语句要加粗

越是需要观看者关注的重点内容，越是要使用可视度较高的“粗体字”。小标题和重点语句使用粗体字，效果会更好。

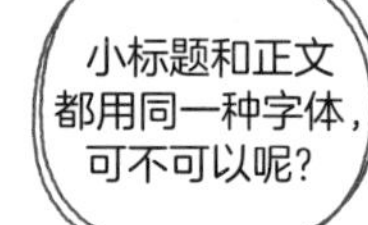

小标题和正文
都用同一种字体，
可不可以呢？

小标题如果
设置成明朝体，
就不够醒目。

同样是黑体字，加粗和不加粗，也要分场合来区别使用。制作PPT时，大标题、小标题、结论部分适宜加粗，另外，越是简短的文章，越是需要引起读者注意的部分，就越适合用粗体字。反之，较长的文章则不适宜加粗。

线条太细的字体，用在PPT中，就是败笔

投影仪的分辨率（解像度）并不高，所以不适合展示太细的字体。哥特式字体（细黑字体）线条太细，不推荐使用。

哥特式字体太细

哥特式字体是一种很细的字体，本身很美观，但因为线条太细，在有些场合下就会导致文字不太清楚。因此在PPT中，不建议使用这种字体。

使用投影仪的时候，一定要注意字体哦！

主标题要用较粗的字体，才更醒目。

根据不同的目的来选择字体

越长的文章越适合纤细的字体

一般来说，使用Word编辑的文章，大都比较适合明朝体，而PPT中，即使文字量比较多，选择黑体也是比较保险的做法，因为明朝体在显示屏上不易辨认。当然，文字越多，越适宜较细的黑体字。

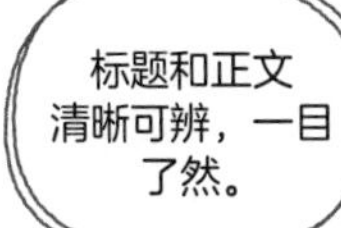

标题和正文清晰可辨，一目了然。

小标题和重点语句要加粗

越是需要观看者关注的重点内容，越是要使用可视度较高的“粗体字”。小标题和重点语句使用粗体字，效果会更好。

说到黑体字，其实下面还有很多类别，它们的醒目程度和给人的感觉各不相同。例如，有一种叫作“**明瞭体**”的字体，线条有一定膨胀性，**字形**显示清晰，非常适合在PPT中使用。

不要让文字变形，也不要让文字过于艺术化

PowerPoint里有一项功能，可以让文字变形（增加文字的宽度），还可以设置艺术字，但是，这种特殊形式的文字在全文当中显得比较另类，会阻碍观看者对内容的理解，因此，最好不用。

PowerPoint的众多功能中，有一项是对文字进行**变形**处理、设置**艺术字**。它虽然能起到改变印象和强调的作用，但是从设计上来看，会打破整体的和谐，结果并不尽如人意。如果随意使用这项功能，会对整体的设计产生不利影响。

变形、艺术字会影响视觉效果

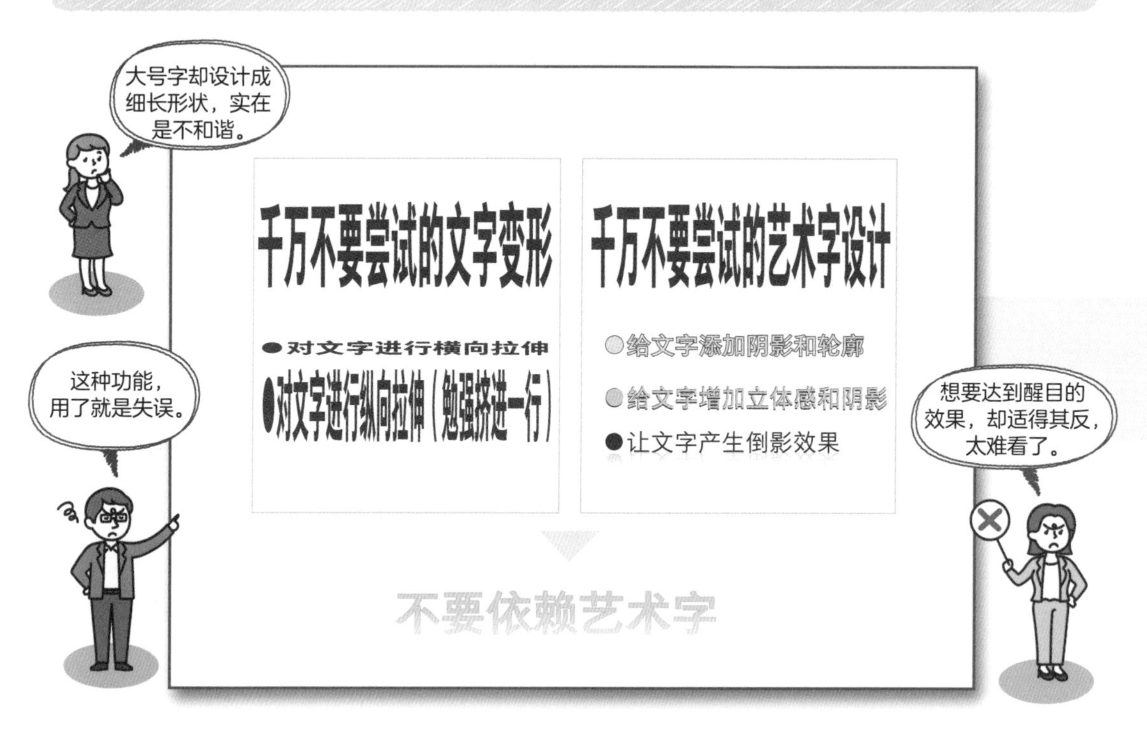

如果页面文字比较少，有大量空白的话，总是忍不住想要把文字进行横向拉伸，但这样出来的效果是很不美观的。同样，把文字进行倾斜处理或纵向拉伸也产生一样的效果。另外，艺术字中有太多无用的设计，会破坏整体的统一性，所以尽量避免使用。

可以使用叠文字来达到醒目的效果

叠文字的制作方法非常简单，把想要编辑的文字复制并且粘贴一份备用。然后，对其中的一个用“格式设定”或“添加文字轮廓”按钮添加边框，最后把两个文字叠加起来就完成了。

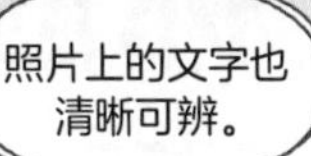

要突出文字，通过字号、粗细和色彩等方式来处理就足够了。

千万不要尝试的文字变形	千万不要尝试的艺术字设计
●对文字进行横向拉伸	●给文字添加阴影和轮廓
●对文字进行纵向拉伸（勉强挤进一行）	●给文字增加立体感和阴影
	●让文字产生倒影效果

不要依赖艺术字

与其对文字进行各种花哨的编辑，还不如使用叠文字，让人记忆更加深刻。

抛弃文字变形和艺术字吧，它们只会让人感觉乱七八糟。其实，只要我们对文字的字号、字体进行适当的编辑处理，就完全可以给观看者留下深刻的印象。简洁的版面，才更容易把自己想要表达的内容准确传达给对方。

专栏 01

基本篇

你应该牢记的！PPT用语集

关键词

PPT

PPT的目的是把想要推广的课题、企划、公司内部的战略性提案等，高效准确地传达出去。制作PPT常用的是微软公司开发的PowerPoint软件。

关键词

情节

情节原义指故事梗概。后转为表示完整的思路和合理的框架设计。在明确了“想要传递的信息”是什么之后，就需要继续考虑存在的问题点以及解决对策，这样才能提高说服力。

关键词

幻灯片

幻灯片指的是用PowerPoint做出来的每一个页面。以文字和图表结合的方式制作出来的一张张幻灯片，像连环画一样连续播放出来。PowerPoint是专门用来制作PPT的软件，因此使用它可以很轻松地做出幻灯片。

关键词

实施方案

实施方案意为制定对策并付诸行动，具体到PPT中，指的是“如何实现并解决这一课题”，也就是具体的路线和方法。必须从多个角度进行具体全面的说明，这样才能给观看者留下清晰的印象。

关键词

动画

动画指的是PowerPoint软件自带的动画功能，可以插入幻灯片中，将一些重要的内容进行放大展示，以引起观看者的注意；也可以让文字滑动进入，从而起到补充说明的作用。

关键词

字体

字体是在特定的设计中被统一的文字组合，包括大小、粗细、是否倾斜等类别，通过形状来营造视觉效果。例如，如果有想要强调的重要文字，就可以把它设置成黑体字。字体需要根据不同的目的区别使用。

关键词

章节幻灯片

章节幻灯片指的是显示正文流程的幻灯片，目录页就是发挥这一作用的。当PPT由多个章节构成时，在各章之间插入章节幻灯片，能使观看者更好地理解资料内容。

关键词

目标的顺序

目标的顺序，指的是图表、图形等上下排列的顺序。在PowerPoint里面，最后插入的目标会出现在最上方。利用这一特征，可以填充文本框、在图形或照片上方编辑文字，以及调整不同图形的重叠顺序。

关键词

附录

附录的英文为appendix，意为“附加说明”，指的是补充资料或特别添加的资料。如果将这些资料直接插入正文中，由于数据过多、过细，影响观看效果，因此一般作为单独的部分列出。

关键词

解决

在商务场合，解决一般指的是处理商务经营活动中存在的某些问题。例如，PPT的标题中，经常能看到“××的解决方案”这样的说法。

第2章

如何插入文本信息？

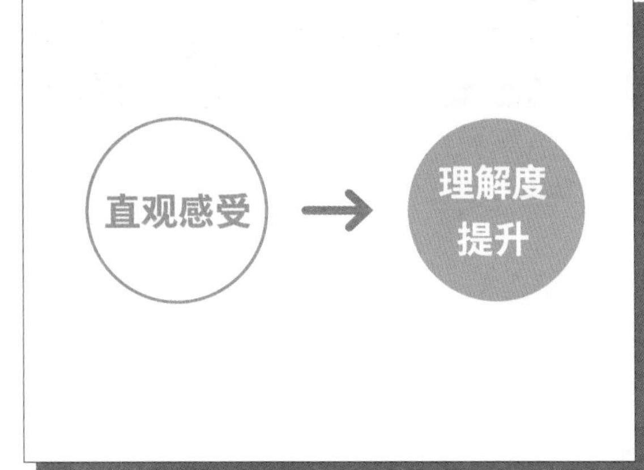

仅凭文本的插入方式这一点，
就足以改变观看者对PPT的评价。
只会复制是不够的，
怎样才能让文字发挥出最佳效果，一起来学习吧。

版面设计要遵循“从左到右”“从上到下”的原则

版面设计的基本原则是“清晰易懂”。但是，只是清晰易懂还远远不够，我们还需要考虑很重要的一点，那就是，如何才能让对方耐着性子从头看到尾而不产生厌烦心理。在这部分里，将重点讲解幻灯片中的版面设计问题。

幻灯片中，情节设置的重点是，将“事实的要素”以及基于这些事实的**文本**内容进行简洁的展示。要传递的信息很多、很难。但是，**版面设计**的基本原则是“尽量简明扼要”。一般来说，人们的视线是从上到下、从左到右来移动的，因此，要按照这一习惯来编辑文字和图表。

按照视线的移动方向来设计版面

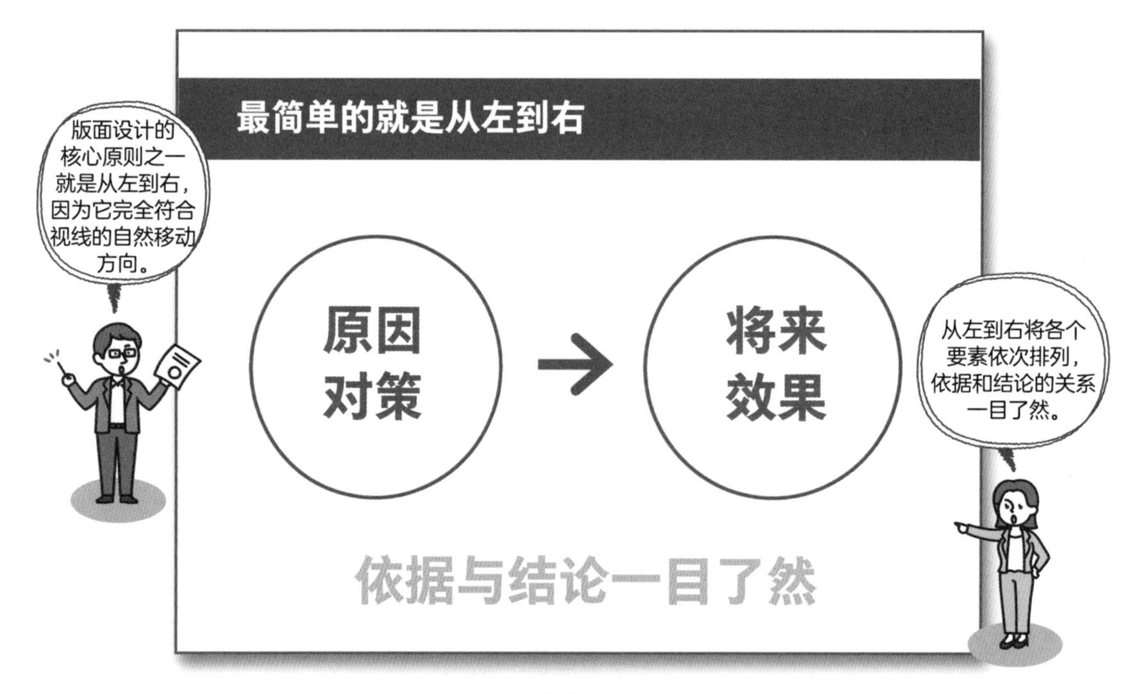

关键的一点是，要在幻灯片中体现出“**步骤**”来。横向排版的幻灯片中，文字宜按照从左到右、从上到下的方向进行编辑，同理，图形、图表也要按照时间顺序来设置，这样才符合自然规律和习惯。“过去和将来”“对策与结果”等构成幻灯片的要素，也要遵循以上法则进行设计。

不仅要陈述事实，还要加上“然后……，所以……”

如果资料中只有数据等用来陈述的“事实”，对方就不得不花时间来思考演讲者的意图何在，为了节约这些时间和节省精力，就需要在陈述事实之后，加上“然后……，所以……”等表明结论的信息。

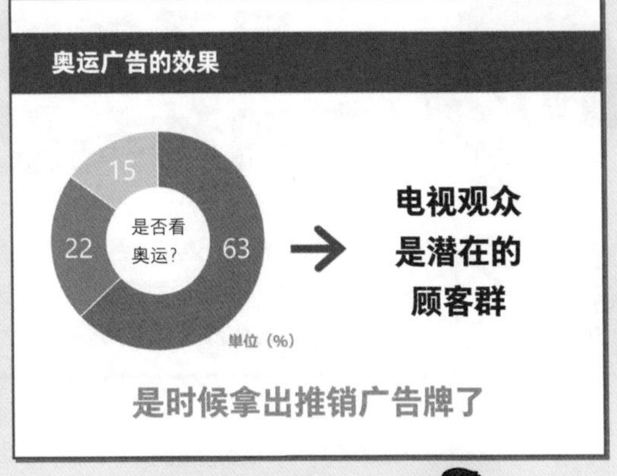

确实，不明确表达出结论，就会让观看者感到困惑不解。

这样编辑文字，视线就能自然地从上到下进行移动。

从上到下是自然的视线移动方向

过去、理由、原因、对策

▼

将来、结论、结果、效果

▼

上下排列能让人意识到时间的顺序

快速自然地得出结论的形式。

人们面对幻灯片时，会自然地按照从左到右，或者从上到下的步骤来看。这不仅是一个简单易操作的步骤，而且只需对各个要素进行排列，就可以让观看者感受到时间的推移，如果再添加上箭头，就更能起到强化时间顺序的效果。

一目了然的版面有四种类型

即使我们已经掌握了文字、段落、图片、表格以及各种图表的编辑方法，在实际制作PPT时，还必须考虑如何对这些要素进行合理搭配才能产生最好的效果。为了将信息明确地传达给对方，就必须学会一些高效设计页面的方法，这一点至关重要，不可或缺。

明明花费了很多时间和心思准备PPT，却因为版面设计问题，让观看者感到疑惑不解，甚至对**演示者**本人产生不好的印象，这种情况并不少见。在传递信息的过程中，一定要想方设法让对方清楚了解你的思路和逻辑，这一点很关键，也是我们进行版面设计的目的。

版面设计的类型

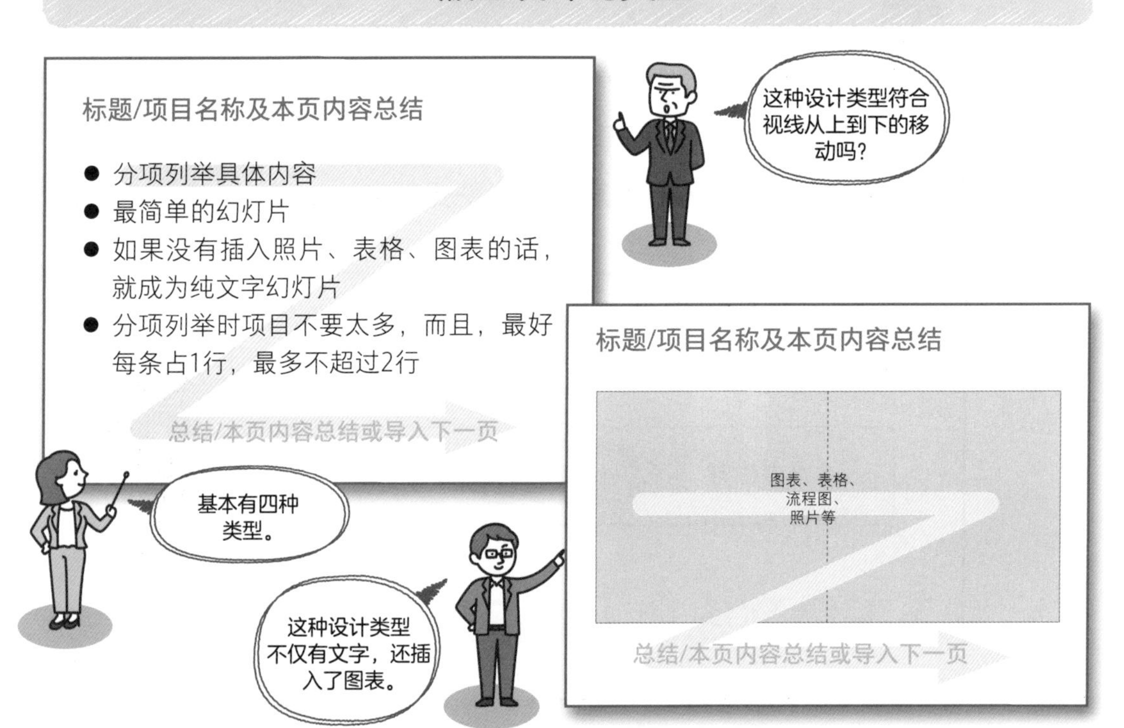

PPT是由文字和图（包括图片、表格、照片、流程图）两个要素共同构成的。这些要素的版面排列方式可以分为四大类，PPT一定要按照观看者的阅读顺序来设计文字和图片的排列方式。

确定基本设计类型，然后加以运用

虽然这里要介绍四种类型，但在实际中，由于不同资料的文字数量和图的数量各不相同，因此必须结合演示者的思路和逻辑来确定合适的页面类型，并且付诸应用。

无论资料的主体是文字还是图，最基本的原则都是，要把各个要素按照英文字母“Z”（**Z形**）来进行排列。这是因为，Z形排列与视线的移动方向是完全一致的。图和文字结合在一起时，也要有意识地将其排列成Z形。

图表在左，文本在右

PPT中的视频、照片、图表等究竟放在哪个位置才合适呢？只要清晰易懂，放在哪里都合适。话虽如此，其实所谓的清晰易懂，也是有规则可循的。下面将用对比的方式对这一规则进行说明。

对于观看者而言，什么样的资料才是清晰易懂的呢？很重要的一点，就是幻灯片上的图表与文字信息的版面设计必须优化合理。在一张幻灯片中，如果要插入图表等**形象化**信息及其结论，那就要尽量选择横向（左右）排列的方式，而尽量避免纵向布局。

图表和文字要横向排列

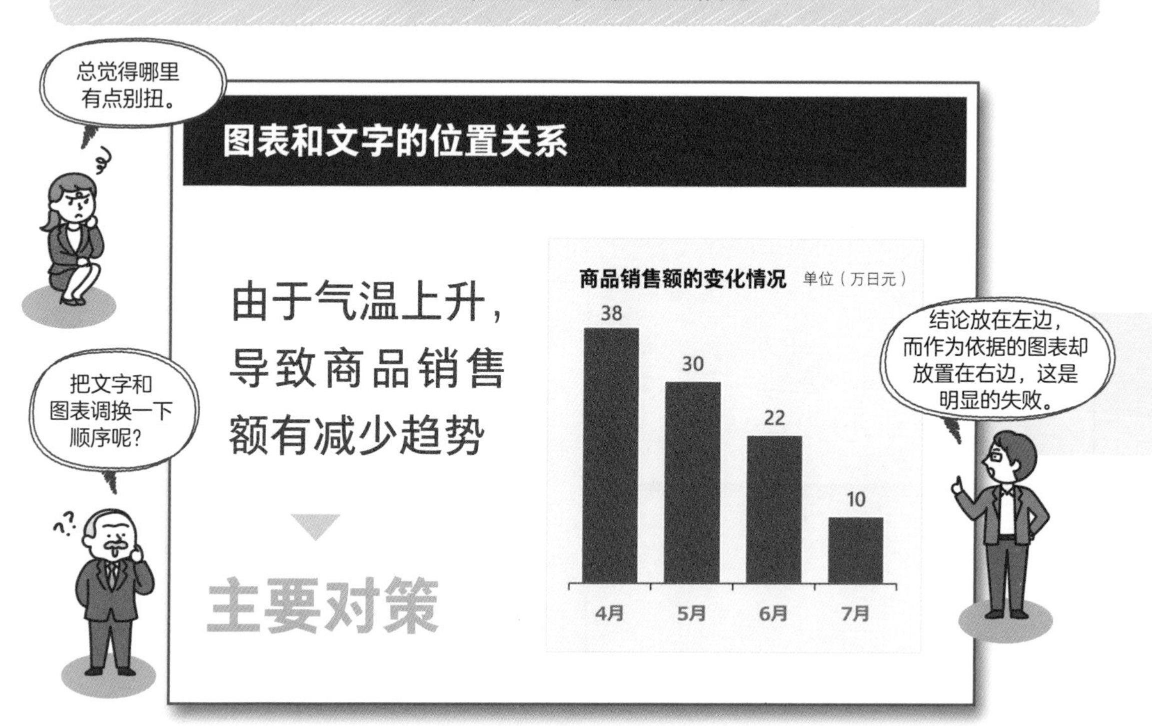

横向排列时，人们的视线是按照从左到右的方向来移动的，因此，将图片或者图表放在左侧，更易吸引观看者的目光。而且，人们对内容理解也是按照从左到右的顺序，因此，数据和结论的摆放位置也要注意这一顺序。

图表和文字的位置关系

如果文本放在页面左边，会出现每一行的文字右边无法对齐的情况，这样一来，左边的文字和右边的图表之间的空白就显得不太美观。而如果文字放在右边，那么每一行开头都是对齐的，空白也会比较整齐。

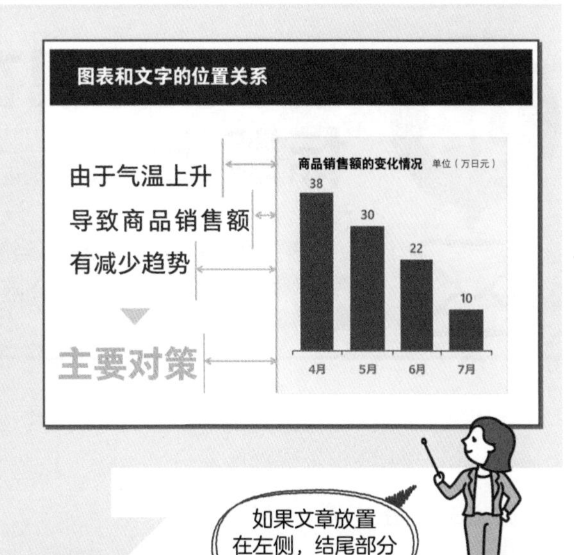

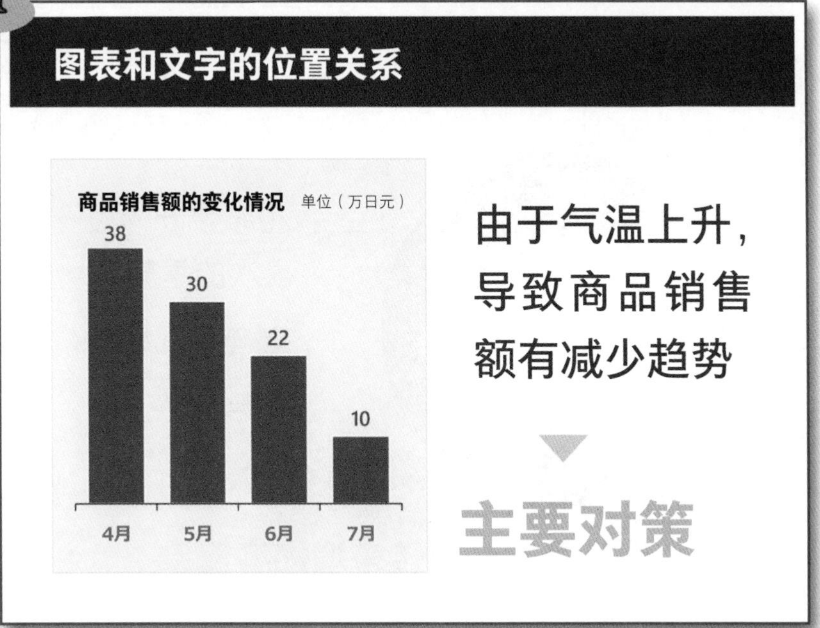

实际比较一下，就会切身感受到，将图表放置在左侧、文本放置在右侧的页面设计，能让观看者更加轻松地接收信息。当然，如果需要对图表或表格进行事先说明，那么应该把对应的文字放在页面左边。

04 信息要体现在标题上

PPT中，最先映入眼帘的，当然是标题了。标题如果新颖别致，就能够在一瞬间勾起观看者的阅读兴趣，引人入胜。那么，怎样才能设计出一个令人印象深刻的标题呢？

标题是各个页面里最关键的要素之一。理想的标题，能够把想要传递的**关键信息**，用简明扼要的语言表达出来。标题要言简意赅，标题下面的内容是与之相关的具体说明，这样做可以加深观看者对资料内容的理解。

一开始就要把关键信息传递出去

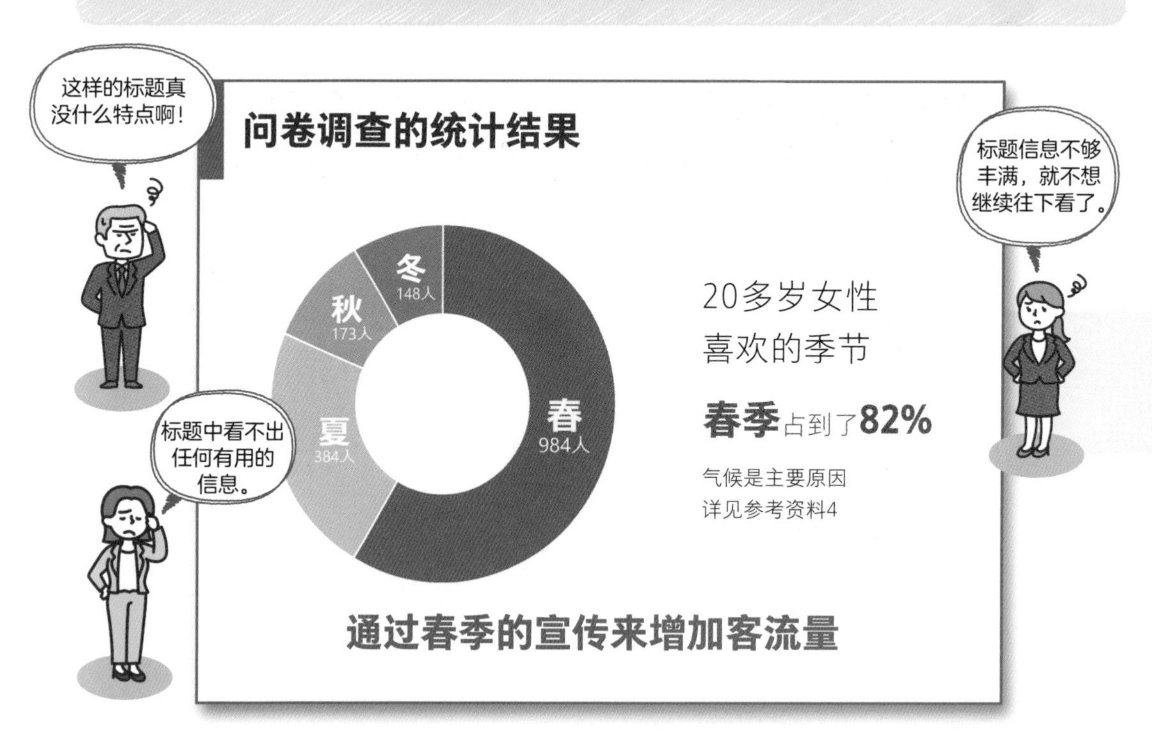
这样的标题真没什么特点啊！
问卷调查的统计结果
冬
148人
秋
173人
夏
384人
春
984人
20多岁女性
喜欢的季节
春季占到了82%
气候是主要原因
详见参考资料4
通过春季的宣传来增加客流量
标题信息不够丰满，就不想继续往下看了。
标题中看不出任何有用的信息。

要想让对方在短时间内理解文字及其含义，文字越简短越好。因此，不建议使用太长的标题。“关于……”“为了……”之类的表达最好省略掉，主语和谓语也应能省则省。

关键信息要放在页面稍稍靠上的位置

标题的位置，最好是在幻灯片的中间稍偏上一点，这样更易吸引观看者的注意力。而且，这样做还有一个好处，在投影播放的时候，由于前排的遮挡，后排的观看者在阅读页面中间或下方的文字时会比较费劲，而页面上方的文字则完全不受影响。

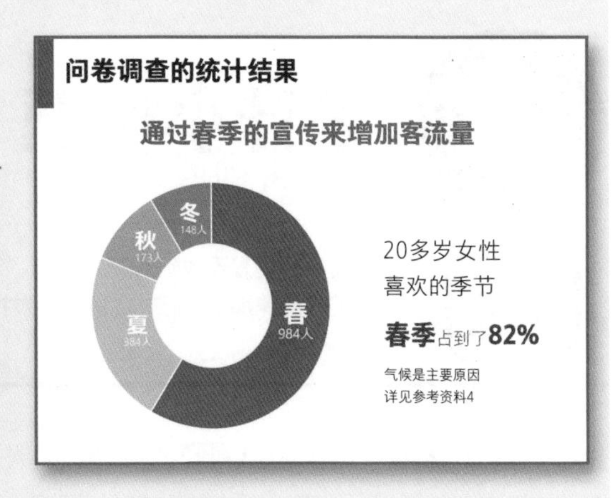
问卷调查的统计结果
通过春季的宣传来增加客流量
冬 148人
秋 173人
夏 384人
春 984人
20多岁女性
喜欢的季节
春季占到了82%
气候是主要原因
详见参考资料4

关键信息
一目了然，
引人入胜。

通过春季的宣传来增加客流量

冬 148人
秋 173人
夏 384人
春 984人

20多岁女性
喜欢的季节

春季占到了82%

气候是主要原因
详见参考资料4

标题中包含关键信息，页面其他文字再进一步强化内容，这种方式是最棒的。

在人们一眼就能看到的标题之中，放入关键信息，这样可以使幻灯片的主旨更鲜明。一开始就把想要传递的信息展示出来，一方面能够引起观看者的阅读兴趣，另一方面也可以加深他们对内容的理解。

设计小标题

小标题是理解幻灯片内容的“线索”，不仅如此，小标题还具有区分层次和体现节奏的作用。那么，怎样才能充分发挥小标题的作用，制作出一份主次分明、充满节奏感的PPT呢？

“信息量太大，看不明白到底在说什么。”为了避免出现这种情况，就要用到**小标题**。充满魅力的小标题，不仅仅是对内容的概括，还能引起观看者的兴趣，可以说作用非常之大。

要突出小标题

给人的感觉，整篇
都是无聊的文章。

小标题的设计很重要

如果在文字设计上，与正文没有区别，那就很难辨识，无法给观看者留下好的印象。

只改变文字的粗细和大小是不够的

通过改变字号大小，可以把小标题和正文区别开，增加小标题的辨识度。

色彩使用上也有很多方法

将小标题和正文区别开，即使正文内容较长，也不影响理解。

页面很单调，
小标题和正文体
现不出主次感。

这样的页面，
让人丝毫提不起
阅读的兴趣。

把小标题和正文区别开，体现出主次感，才能充分发挥小标题的作用。在实际中，使用【 】，或者在前面加上●，还有加下划线等做法，其效果都不是很明显。为了突出小标题，要在“粗细”“颜色”以及“字号”等方面进行设计，如此才能达到预期的效果。

没有必要缩进

为了区分小标题和正文，有时想要使用**缩进**（段首空1格）的方式来处理正文，但这样一来，每一行句首不对齐，看起来就不美观。因此，还是放弃这种做法，对小标题本身进行差别化编辑吧。

缩进真的有必要吗？

在PPT里，没有必要对普通段落进行缩进（段首空1格）处理，缩进之后，左端不对齐，不仅影响美观，也会对内容的理解造成干扰。

小标题和正文均左端对齐

左端对齐，更有助于阅读。小标题、正文以及分项列举的内容都要设置成左端对齐。不要加入多余的缩进设计。

将小标题设置成基本色，美观度立刻得到提升。
不用缩进真的可以吗？

改变文字大小和粗细是基本做法

小标题一定要比正文突出，这是最重要的一点。基本做法就是调大字号和加粗。

改变字体颜色也能达到效果

改变字体颜色也是一种有效的方法。改变颜色，就能够将小标题从正文中凸显出来，甚至可以不用加粗。

有些设计，可以让换行（另起一行）成为可能

小标题的设计方法多种多样，有些设计，可以不用改变文字大小，同样起到凸显的作用。

凸显小标题的方法，除了改变字号、文字粗细以及颜色，还可以改变字体，但是切记，不可把这些方法叠加使用，要尽量使用最少的处理方式来将小标题和正文加以区分。

06

重视余白

页面从左到右，挤满了文字，甚至连角落也没有空白，面对这样的PPT，大家是不是都会觉得“看起来真不舒服啊”？要想做出一份易于观看、易于阅读的PPT，就一定要重视“余白”。在这一部分，我们来学习如何巧妙设置余白。

PPT中很关键的一点就是，通过合理制造“**余白**”，来让文字和图表清晰可见。调整文字和图表的大小，在各个要素之间留出空白，充分发挥余白的效果。这样处理，即使信息量是相同的，给观看者的印象和感觉也会发生很大的变化。

留有“余地”的页面设计

理解余白的重要性

最重要的是易于阅读

有了余白，就不会给观看者带来压迫感，在这个意义上来说，它也是很重要的。无论内容多么精彩，如果对方不能完整准确地读取信息，就没有任何意义。

不会制造余白，信息就会过度

明明想要制造余白，但无奈页面没有位置可以空出，这样的版面设计，大多都是因为塞入了过多的无用信息而造成的。可以考虑删除一些文字、词语和图表。

不留余白，
就容易给人带来
压迫感。

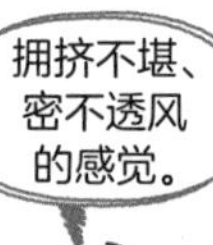
拥挤不堪、
密不透风
的感觉。

让文字和图片充斥着页面各个角落的做法是完全错误的。这样的幻灯片会给人很拘束的印象，让观看者产生压迫感。而且，投影到屏幕上之后，有时会出现上下左右四个角落的内容无法显示的情况。如果留有余白的话，就可以避免这种问题发生。

余白不要做任何编辑

幻灯片的四周如果没有余白，就会给人一种压迫拘束的感觉，不易于阅读。要改变这种状况，可以如右图所示，在粉色位置（余白），不要插入任何文字和图片。

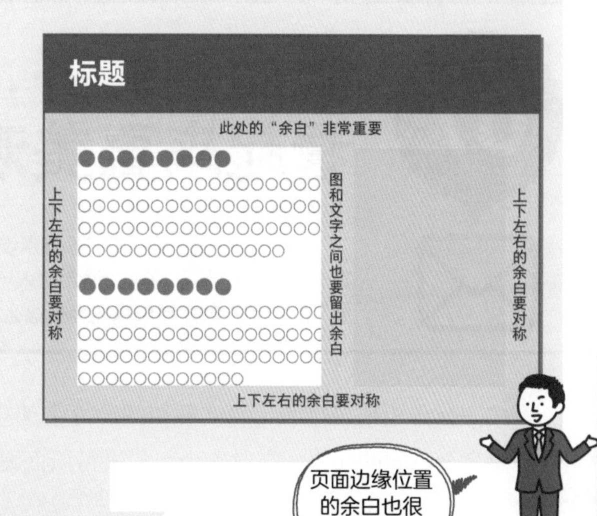

此处的“余白”非常重要
上下左右的余白要对称
图和文字之间也要留出余白
上下左右的余白要对称
上下左右的余白要对称
页面边缘位置的余白也很重要。

有了余白，可以提高判读性。

理解余白的重要性

最重要的是易于阅读

有了余白，就不会给观看者带来压迫感，在这个意义上来说，它也是很重要的。无论内容多么精彩，如果对方不能完整准确地读取信息，就没有任何意义。

不会制造余白，信息就会过度

明明想要制造余白，但无奈页面没有位置可以空出，这样的版面设计，大多都是因为塞入了过多的无用信息而造成的。可以考虑删除一些文字、词语和图表。

这样的页面给人清爽利落的感觉，看起来也比较美观。

在制作PPT时，记得时刻提醒自己，不要忘了在页面留出余白。文字、图表、照片等的周围，留出至少相当于正文1个字大小的空白，这个位置不要插入任何小标题、正文、图表、照片等内容。

版面要对齐，看起来更美观

如果想要把图形和文字等要素设计得更加清晰易读，“别的不说，总之先对齐”是第一要务。如果不对齐，就会给人一种页面未加整理的印象，而且也会产生“不易读懂”的问题。对齐与否真的会有这么大的差别吗？我们比较一下就一目了然了。

按照横排板或竖排版，将文章和图形等全部对齐，毫无**偏离**，即使是对同一个要素，也会产生完全不同的印象。在对整个资料进行版面设计时，**左对齐**是基本原则。

画一道无形的线，把各个要素完全对齐

左侧没有对齐。

页面设计的基本原则①：对齐

何谓课题内容

- 为了让文字较多的文章更易读懂，要怎样进行处理
- 学习能使各要素整齐排列的方法

解决方法与效果

- 将页面各个必备要素按照统一的原则来进行排列
- 易于观看的页面，可以让对方理解得更加透彻

写出要素 → 留够余白 → 全部对齐排版 → 微调

尽量将各要素对齐来排版

PowerPoint里面是可以调整网格线的，却没使用该功能。

可以使用“对齐”功能，很方便。

考虑文本和图表的设置时，要先在脑海里假想出一条“**网格线**”（能将各要素对齐的辅助线），然后对页面进行设计，就可以达到较好的效果。只需将文本和图表的位置对齐，就可以减少混乱感，给人一种整齐清晰的印象。

标出辅助线，让版面设计更轻松

PowerPoint软件自带可以标出辅助线的“网格线”功能。从菜单选择“视图”选项，然后勾选“网格线”旁边的方框就可以标出网格线了。

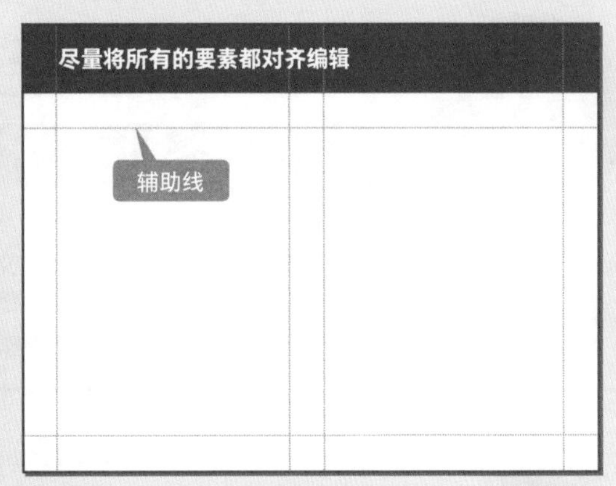
尽量将所有的要素都对齐编辑
辅助线

标出辅助线，对齐更容易。

不要忘了，余白也需要对齐。

页面设计的基本原则①：对齐

何谓课题内容

- 为了让文字较多的文章更易读懂，要怎样进行处理
- 学习能使各要素整齐排列的方法

解决方法与效果

- 将页面各个必备要素按照统一的原则来进行排列
- 易于观看的页面，可以让对方理解得更加透彻

写出要素 → 留够余白 → 全部对齐排版 → 微调

右侧不对齐，也没有关系。

尽量将各要素对齐来排版

设计幻灯片时，可以标出辅助线，从而将文本和图形的上端及左端对齐。但需注意，如果幻灯片中短句较多，文本**右端**就没有必要一定对齐。只要优先设计好上端和左端的辅助线，就能使页面变得足够美观。

关键词 → ☑ 分组、关联性

对资料进行分组处理，让内容更易理解

在PPT中，将关联性较强的文本、图表、照片等编辑在一起的做法叫作“分组”。为了让观看者更好地理解资料整体的框架和逻辑，进行“分组”处理是非常有必要的。那么，具体操作时应该注意哪些方面呢？

一张幻灯片里包含多个要素时，进行**分组**处理可以让页面结构更清晰。反之，如果没有分组或分组不合理，就会让各个要素的关系变得复杂不清，视线无法聚焦，给观看者增加额外的负担。

利用余白来进行简单的分组

这段说明文字对应的是哪幅图片？看不明白。

分组之后，内容更易理解

日本本地蜜蜂品种

这指的是日本自古以来就存在的蜜蜂品种。它们生长在日本全国各地的深山里，通过人工养殖的方式，已经与日本人共同生活了成百上千年。

选花的标准正在研究中

日本全国各地都有蜜蜂喜欢的花，种类极其繁多。至于蜜蜂喜欢的原因，究竟是气味芬芳，还是容易传播花粉，这些尚无定论，正在研究中。

把文章和照片分一下组吧。

分组的时候，要记住一条基本原则，那就是将**关联性**较强的要素放在一起，而关联性较弱的则尽量离得远一些。小标题与正文、关联密切的文章和图表一定要挨在一起，这样就能让对方直观地感受到它们之间的对应关系。具体操作时，不必借助线条来分组，只要利用好余白就足够了。

细小的部分也要注意分组，这一点很重要

人们一般习惯将距离较近的东西认定为同属一组。而像右图这种，图和文章没有正确分组的材料，就会让观看者产生疑问，甚至还可能带来误解。

人们习惯将近距离的东西归为一组来看待

日本本地蜜蜂品种

这指的是日本自古以来就存在的蜜蜂品种。它们生长在日本全国各地的深山里，通过人工养殖的方式，已经与日本人共同生活了成百上千年。（图1和图2）

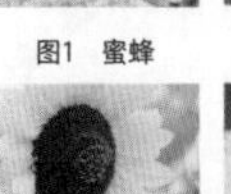

图1 蜜蜂　图2 蜂巢

选花的标准正在研究中

日本全国各地都有蜜蜂喜欢的花，种类极其繁多。至于蜜蜂喜欢的原因，究竟是气味芬芳，还是容易传播花粉，这些尚无定论，正在研究中。（图3和图4）

图3 向日葵　图4 蒲公英

可将多余部分删去，以免引起混乱！

只需借助余白，就可以达到上下分组的效果。

分组之后，内容更易理解

日本本地蜜蜂品种

这指的是日本自古以来就存在的蜜蜂品种。它们生长在日本全国各地的深山里，通过人工养殖的方式，已经与日本人共同生活了成百上千年。

选花的标准正在研究中

日本全国各地都有蜜蜂喜欢的花，种类极其繁多。至于蜜蜂喜欢的原因，究竟是气味芬芳，还是容易传播花粉，这些尚无定论，正在研究中。

图片和文字的对应关系一目了然。

即使是没有图片和表格的纯文本资料，进行分组处理之后，也会产生更好的效果。若要将小标题和与之关联的各个项目进行划分，就可以利用项目和项目之间的余白（多留一些空白）来达到目的。是否设置余白，会让页面布局产生完全不同的效果。使用余白来实现分组功能，可以让观看者更好地理解资料内容。

09 调整行距和字符间距

要想让幻灯片的内容一目了然，易于观看和理解，就要重视对文字的编辑（字体排列）。只需在行距和字符间距上稍微下点功夫，就能使页面变得清晰易懂。那么，具体应该如何做呢？

文本是由字号、**行距**、**字符间距**、每行长度、缩进、段落、段前段后等多个要素构成的。通过对这些要素进行调整，可以增强文本的可读性。

设定行距和字符间距提升可读性

PowerPoint的行距整体"偏窄"

调整前（默认设置）的文本

PowerPoint的所有默认设置都是为了方便英文编辑的，而不是专为日语设计的。因此，在PowerPoint里输入日语，就会感到行距非常狭窄，必须进行调整，建议将其设置为"1.3倍"比较合适。

如下所示调整后，可读性一下子增强了。

调整行距后的文本

PowerPoint的所有默认设置都是为了方便英文编辑的，而不是专为日语设计的。因此，在PowerPoint里输入日语，就会感到行距非常狭窄，必须进行调整，建议将其设置为"1.3倍"比较合适。

注：中文的情况与日文相似。

扩大行距，能产生这么明显的效果啊！

因为PowerPoint里，行距的默认设置偏窄，会影响到观看者对文本内容的阅读。所以必须要进行调整。不要怕麻烦，记得将每页的行距重新设定，这样才能使文章的可视感和可读性得到明显提升。

合理的行距应是文字大小的0.5~1倍

选中要调整行距的文字，在“缩进与间距”栏的“行距”中，选择“多倍行距”，将数值设定为1.3。这样的行距基本为文字大小的0.5~1倍，是比较合适的。

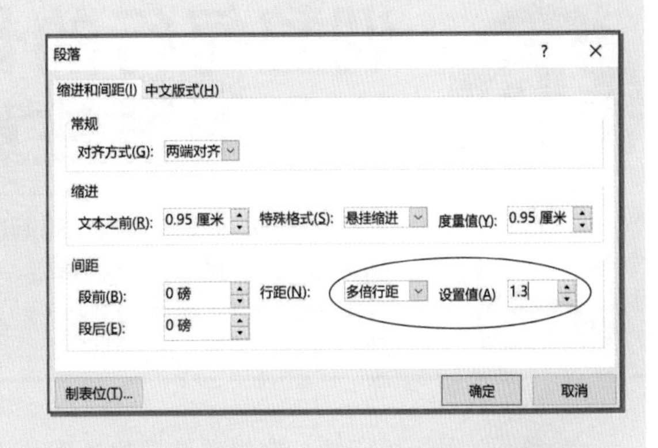

行距设置为1.2倍或1.3倍，可读性更强！

文本较长的话，明瞭体也会变得不明了。

使用明瞭体，字符间距会有局促感

调整前（默认设置）的文本

明瞭体字体较大，具有清晰易辨的优点，但也正因为这样，必然会在视觉上造成行距狭窄的印象，降低了文本的可读性。因此应该对行距进行调整。

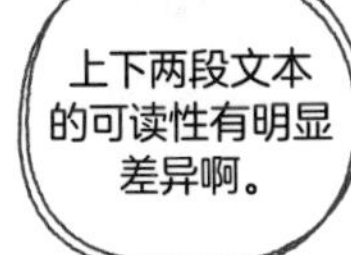

上下两段文本的可读性有明显差异啊。

明瞭体字体较大，具有清晰易辨的优点，但也正因为这样，必然会在视觉上造成行距狭窄的印象，降低了文本的可读性。因此应该对行距进行调整。

明瞭体、通用字体以及其他一些显示较大的字体，在默认状态下都会显得字符间距过于狭窄，特别是汉字较多以及出现加粗字体的地方，会增加阅读的难度，因此，我们可以在“字符间距设定”一栏中，将间距设置为5% ~10%是较为合适的。

调整每行的长度，换行时要注意美观

在上一节，我们了解到，通过调整行距和字符间距，能增强文本的可读性。在掌握了这一点之后，接下来，我们要学习调整每行长度以及换行（另起一行）的重要性。每一行的字数越多、越长，就越会降低文本的判读性，从而影响对内容的理解。因此，为了使文章更易读懂，提高判读性，就一定要掌握换行的编辑方法。

要增强文本的可读性，有时单纯依靠调整行距和字符间距是远远不够的，比如说每一行**行长**较长的文章。每行的字数越多，就越容易给读者造成压力。为了避免这种压力的产生，就要进行**换行**处理，使对方能以轻松的节奏看完文章。

每一行不要过长

每行的长度要适中

- 每一行都很长，就会增加阅读的难度，给读者造成压力。
- 因为换行的时候，会存在一些困难。
- 为了避免每行过长，要在页面设置上下功夫。

每行的长度要适中

- 每一行都很长，就会增加阅读的难度，给读者造成压力。
- 因为换行的时候，会存在一些困难。
- 为了避免每行过长，要在页面设置上下功夫。

把照片放在侧面，设置成左右构图，可读性瞬间增强。

行长，即文本每一行的长度。横向排版的页面，指的就是从左到右的长度。每一行过长，会降低文章的可读性，大家务必记住，每一行不要超过30个字，否则，你的文章会变得难以阅读和理解。

同一段落中，可以使用Shift+Enter键来进行换行处理

在分项列举，或者是同一段落里，如果想要换行，单纯使用Enter键是不行的，要用Shift+Enter键来进行编辑。这样，就不会将项目符号或者段落序号带入下一行。

在同一段落内部熟练进行换行操作

如果单纯使用“Enter”键，换行时就会被默认为另起一行，行首会被自动插入数字。

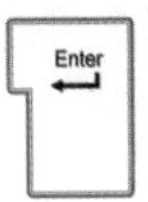

同时按下“Shift”和“Enter”键，就可以实现行首缩进的段落内部换行操作。

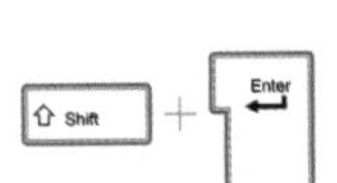

换行的时候，注意不要让项目符号出现在行首。

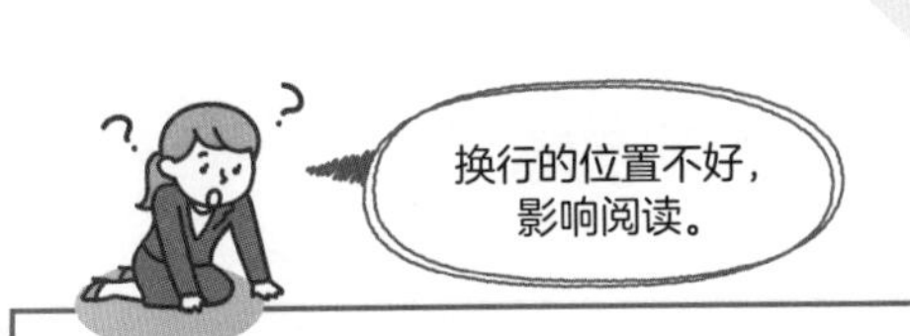

每一行都很短的情况下，要注意换行的位置

每一行都短，说明
换行操作进行得比较
频繁，换行的位置会
决定文章可读性的
高低。
注意不要在一个词语或
词组内进行换行操作。

一行都很短的情况下，要注意换行的位置

每一行都短，说明换行
操作进行得比较频繁，
换行的位置会决定文章
可读性的高低。
注意不要在一个词语或
词组内进行换行操作。

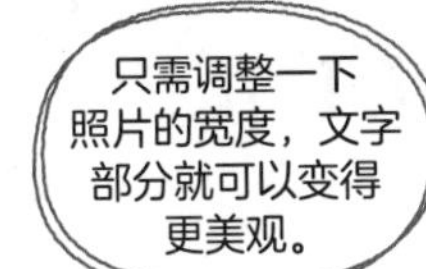

只需调整一下照片的宽度，文字部分就可以变得更美观。

每行都较短时，势必要增加换行的操作次数，因此从哪里开始换行就显得非常重要。一定注意不要在词语或词组内进行换行操作（即不要把一个词语或词组分列两行）。每行较短的情况下，与其设置成右端对齐，不如优先考虑适当的换行操作。

何谓“字体的通用设计”

到底是“3”还是“8”，是“ば”还是“ぱ”，有时会出现数字或文字难以辨别的情况。在连续切换、播放的幻灯片中，为了减少误读的可能性，字体选择至关重要。

我们需要使用的是**通用设计（UD）**的**字体**，它是基于“让尽可能多的人可以轻松识别、减少误读”这一目的而设计出来的，因此，借助通用字体，我们就可以制作出一份无论年龄、性别、是否有残疾，所有人都可以轻松阅读的PPT。

任何人都可以轻松识别的通用字体

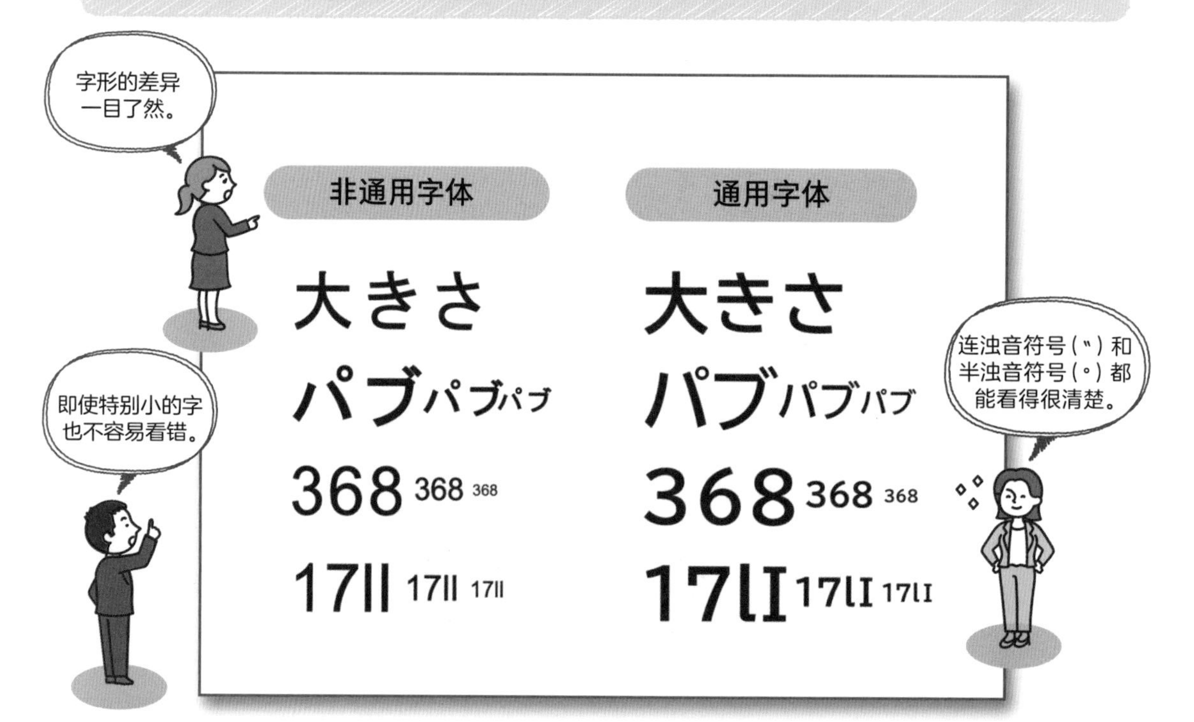

与普通字体相比，通用设计字体的文字较大，看起来更清晰，对于视力不好的老年人，或者眼部有残疾的人士是非常友好的，可以让他们轻松地阅读文章。例如，使用通用设计字体，很容易将“1”，“l”，“I”以及“6”，“3”，“8”等区别出来，这是它最大的特点和优点。

可读性和可视性强的通用设计字体

为了方便后排观众也能看清楚幻灯片内容，近年来，可读性和可视性强、辨识度高的**UD字体**得到了普遍应用。这种字体也被广泛应用在高速道路的路标以及火车站、地铁站的指示牌上。

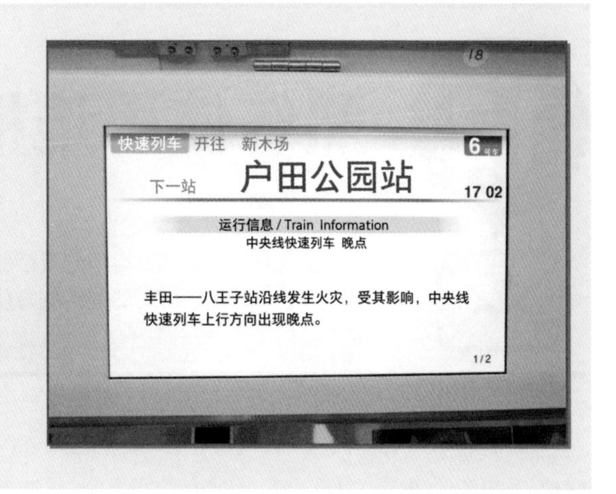

字体的差异性之大，在文章中可见一斑呀！

上面是MS黑体字，下面是BIZ UDP黑体字，哪个易于阅读呢？毫无疑问。

与普通字体的区别

MS黑体字以及UI黑体字等，PowerPoint系统自带的字体，都有字形偏小的缺点，一是阅读起来比较费劲，二是遇到字形相近的情况时非常难以区分，例如“1”“l”“I”。

与明朝体相比，可视性更强

Windows最新版自带的BIZ UDP黑体字，是日本首个可免费使用的通用字体，字形较大，易于阅读，而且很容易识别字形相近的文字或数字，例如“1”“l”“I”等。

字体选择是PPT是否易于阅读的重要影响因素之一。考虑到观看人群的多样化，并且为了避免产生误读，在目前的PPT中，基本都采用了通用设计字体。

12 熟练使用边框

当我们想要强调资料中的某个部分，或者进行分组时，经常需要使用边框对文字或图表进行处理。边框的使用既方便又简单，但是在具体操作上也有一些需要注意的地方。

要强调某部分文字，或者要把某几个词归为一组，或者要绘制流程图时，都可以使用**边框**这个功能，非常方便。还可以给边框内部及边线添加色彩，是一种自由度很高的操作。但是，如果使用不当，也会适得其反。

避免使用不同类型的边框

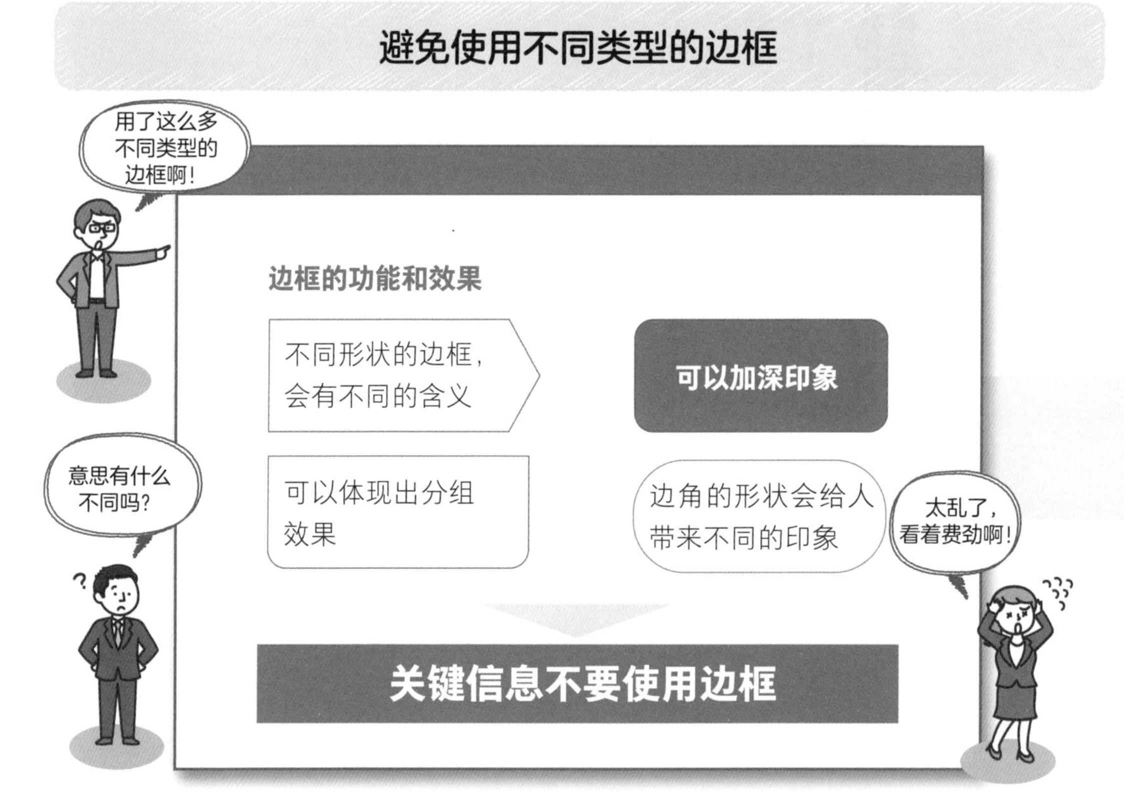

边框的类型很多，包括有矩形、椭圆形、四角有弧度的矩形等。但是，在同一个资料内部，应该使用同一类型的图形，这是一条基本原则。如果混合使用不同形状和颜色的边框，就会破坏整体的一致性，给观看者留下模糊不清的印象，因此一定要避免。

尽量避免使用“椭圆”

从文字插入的难易度、可视性及美观性任何一个角度来考虑，选择**椭圆**形边框都是失败的做法。由于长度和宽度不统一，就必然会出现一部分文字贴近的情况，很难做出有较高美感的效果。

即使是相同大小的文字，插入的难易度也有差别

即使是相同大小的文字，插入的难易度也有差别

椭圆形的边框，文字和其之间的余白大小不一，看上去很不整齐。

边框的功能和效果

不同形状的边框，会有不同的含义

可以加深印象

可以体现出分组效果

边角的形状会给人带来不同的印象

关键信息不要使用边框

边框成为重点。

在PPT中，要尽量避免对**关键信息**使用边框处理。因为被框起来之后，会使文字显小，从而削弱了强调的效果。除此之外，边框也会给观看者造成一定的压迫感，反而达不到应有的效果。对于关键信息，编辑成大号字的处理方式，更能起到突出强调的目的。

字体的基础知识

文字的分类标准里，以固有特征和字形为标准的分类方式叫作“字体”，其中明朝体、黑体等属于电脑自带的字体。那么，究竟应该怎样选择合适的字体呢？

资料是否易于阅读和理解，文字发挥的作用和产生的影响不可小觑，因此千万不要在PPT里使用一些另类的字体。在**日文**里，关键要能够区别使用**明朝体**和**黑体**两种不同的字体。字体的选择和用法，直接决定了资料给人的印象和阅读的难易度，因此，我们需要掌握一些关于字体的基础知识。

字体的分类

日语字体，可以分为明朝体、手写体、黑体和艺术体四大类。而西文字体，可以分为无衬线体、有衬线体、手写体和艺术体四大类。格调高雅的软笔字体和手写体，以及具有较强亲和力的艺术体，由于不易辨认，并不适合用在PPT中。

明朝体和黑体是日文字体的基础

明朝体的特点是，相对横笔而言，竖笔的线条更粗，在线条末端会有“回锋”“顿”“提笔”等。而黑体则不同，横笔和竖笔的粗细几乎一样，也看不到有“顿”之类的痕迹，因此更加容易辨识。

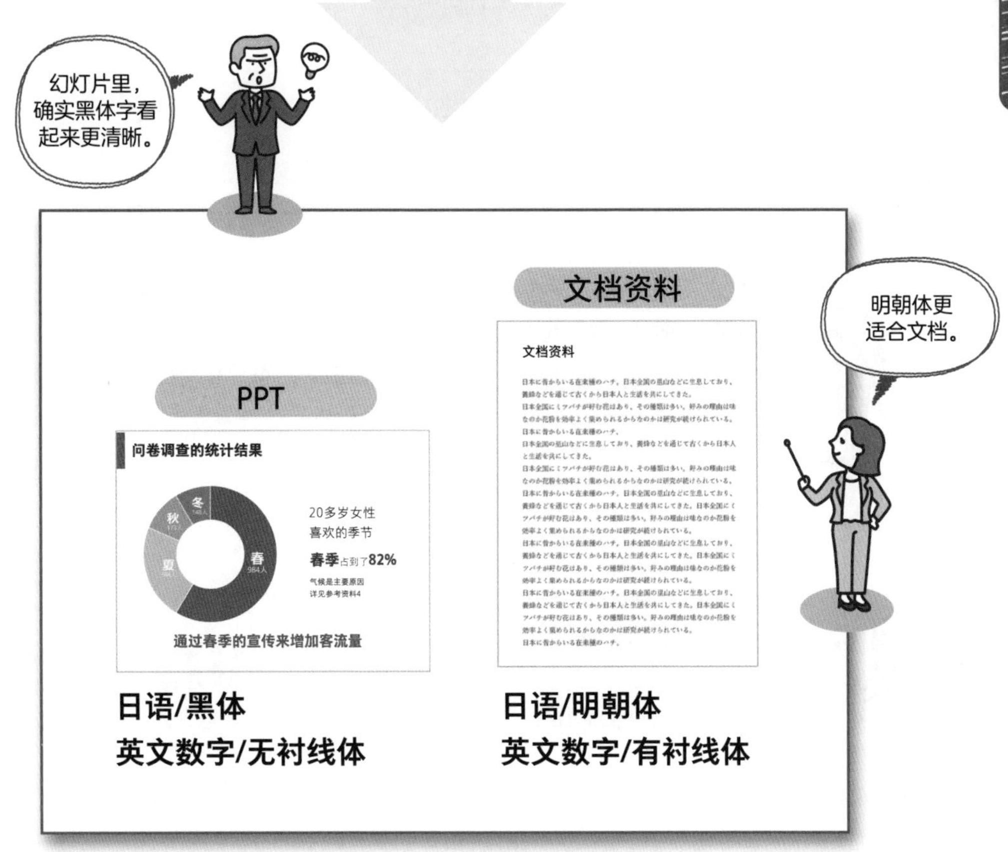

PPT是展示给别人看的东西，建议选择黑体字和无衬线字体，因为这两类字体具有即使距离较远也能看得清晰、不容易变模糊的优点。而以文本为核心的Word文档则与之相反，更适合使用明朝体和有衬线体。

使用明暸体、UI 黑体或者半角黑体字

黑体是PPT中使用的一些基本字体的统称，包括很多不同的字体，里面有一些并不适合幻灯片使用。那么，究竟什么样的黑体字适合用来制作PPT呢？

视觉印象的好坏和可读性的高低，是我们判断一份PPT是否成功的重要因素。而这种视觉印象和可读性，可以通过字体加以改变。建议使用**明暸体**、**UI黑体**、**半角黑体**来代替普通的MS黑体及HG黑体，因为后者在美观性上要略逊色一些。

明暸体在可视性和判读性上有明显优势

黑体字的可读性不强。

黑体　Windows里最普遍的一种字体，美观性略差
黑体　不适合加粗（后文论述）
文章可读性的高低，会随字体的不同而改变。例如，原本是黑体字的文章，改为明暸体之后，可读性差异就能明显地体现出来。

还可以对字体进行加粗。

明显比黑体字的可读性要强。

明暸体　字形美观，易于阅读
明暸体　加粗之后，更加醒目
文章可读性的高低，会随字体的不同而改变。例如，原本是黑体字的文章，改为明暸体之后，可读性差异就能明显地体现出来。

在Windows系统里，我们建议使用能明确区分直线和曲线、给人印象略微丰满的明暸体。由于这种字体具有较强的可视性和判读性，即使距离屏幕较远，也能轻松阅读，它有“常规”和“加粗”两种粗细可供选择，但需注意，由于这种字体比普通黑体略宽、略粗，因此不适用较长的文章。

字体的印象和特征

PPT里的字体，给人带来的不同印象，主要体现在两个方面，一个是美观不美观，另一个是新潮还是古典，如果用坐标轴来体现，正好形成四个象限。大家可以参考右图，选择合适的字体。

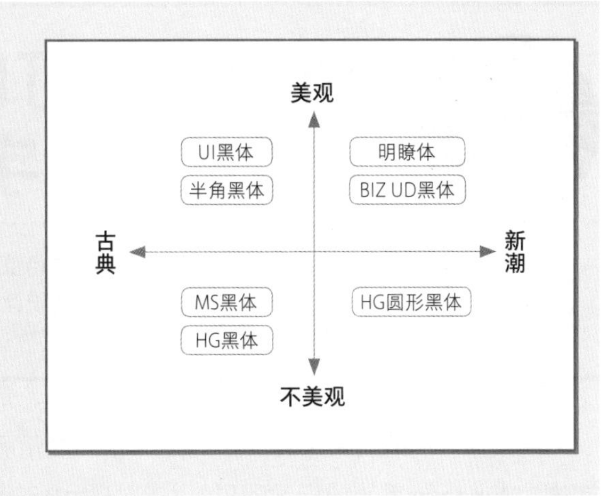

明瞭体　**明瞭体**

Windows自带的字体中，最适合PPT的是明瞭体，字体粗细有两种选择。Windows 8.1以上的系统，还带有UI黑体。字体粗细有较细、普通和加粗三种选择。

UI黑体 较细/**普通**/**加粗**

Windows自带的字体中，最适合PPT的是明瞭体，字体粗细有两种选择。Windows 8.1以上的系统，还带有UI黑体。字体粗细有较细、普通和加粗三种选择。

PPT中，UI黑体的普通粗细非常好用。

在Windows 8.1以上的系统及Mac Os 10.9以上的系统中，UI黑体都是标准配置。这种字体与明瞭体相比，线条稍细，给人一种偏古典的印象。UI黑体的可读性极强，字体粗细的选择也比较丰富，PPT中，建议选择普通粗细的UI黑体。

Windows 可以使用系统自带的 UD 字体

由于距离、个人视力及视觉特征存在差别，幻灯片的视觉效果也会有明显差异。为了做出易于大多数人阅读的通用设计资料，就需要提高文字的判读性。那么，什么才是“判读性较高的字体”呢？

判读性较高的日文字体，指的是“字面显示醒目，宽度较大”的字体。明瞭体和**BIZ UD字体**为**Windows**系统的标准配置。在幻灯片中，宜选用判读性较高的字体，如果不知道如何选择，可以使用以上两种字体。

判读性较高的BIZ UD字体

字面显示较大，
看起来更醒目。

同样大小的
文字，看起来却有
天壤之别。

MS黑体

同样大小的文字，
阅读难易度（判读性）
也有明显差异

明瞭体

同样大小的文字，
阅读难易度（判读性）
也有明显差异

明瞭体追求
的是较高的
易读性。

東

字面
（文字的面积）

腰部
（蓝色部分）

東

与MS黑体（左）相比，明瞭体（右）字面更加醒目，宽度更大。英文、数字输入时，可以选择“Segoe UI”字体，对于a与o、S与5、O与C等相似文字也能轻松进行判别。

教学专用的通用设计字体

“UD数字式教科书体”是面向教育现场而设计出的一种通用字体。字符间距包括“N”“NP”及“NK”三类，每一类都可以加粗，因此一共是六种。

等幅（英文、数字半角）

UD 数字式教科书体 N—R

UD 数字式教科书体 N—B

带K（英文、数字等比例）

UD 数字式教科书体 NK—R

UD 数字式教科书体 NK—R

面向学生的资料，用这种字体很适合啊。

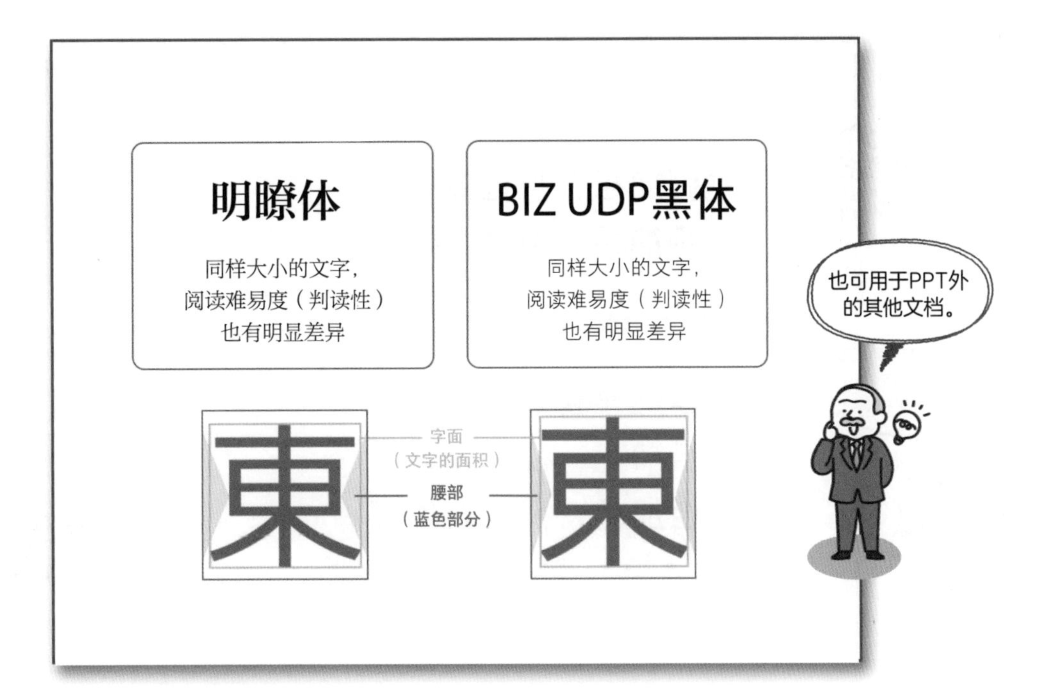

在判读性和可视性方面，作为通用设计字体的BIZ UD黑体具有明显优势。Windows 10于2018年10月更新的系统中已经正式采用了该字体，如果你的电脑可用，就请放心大胆地使用这种字体吧。

粗体字和斜体字有时会造成视觉混乱

为了强调某部分文字，采用加粗（Bold）的方式是非常有效的。如果是西文，也可以使用斜体字来达到这一效果。但须注意，一定要使用“适合加粗”“适合倾斜”的字体。

MS黑体及MS明朝体，本身并没有**粗体字**设置。如果非要对这类字体进行加粗处理，不仅不能达到预想的效果，反倒会产生不美观的感觉，造成视觉混乱，适得其反。

要选用适合加粗的字体

总觉得有些违和感。

不适合加粗的字体 MS黑体及HG黑体

勉强加粗，视觉效果差

勉强加粗，视觉效果差

点击“B”按钮，“模拟加粗”前，与下行差异明显。

点击“B”按钮，“模拟加粗”后，与上行差异明显。

上面的文字让人感觉是在强行加粗，不自然。

适合加粗的字体 UI黑体及明瞭体

适合加粗，视觉效果好

适合加粗，视觉效果好

点击“B”按钮，“加粗”前，与下行差异明显。

点击“B”按钮，“加粗”后，与上行差异明显。

适合加粗的字体，才能产生预想的效果，易于辨识和阅读。

适合加粗的字体，指的是系统本身自带了多种不同粗细字体群的字体。个人电脑标准配置的明瞭体、UI黑体及UI明朝体都属于此类适合加粗的字体，可以放心使用。

不要进行模拟加粗

与本身自带加粗字体的“真实加粗”不同，“模拟加粗”是对Office本来的字体进行错位重叠处理，以达到加粗的目的，因此，不仅不易阅读，而且美观性也较差。

模拟加粗

解読困難

真实加粗

解読困難

记住这个就很方便了。

不适合加粗的字体	适合加粗的字体
MS黑体	明瞭体
HG黑体	UI黑体
HG创英角黑体	BIZ UD黑体
MS明朝体	UI明朝体

所有的日文字体都不适合倾斜，不建议设置成斜体

日文字体不能倾斜啊。

所有的日文字体都不适合倾斜，最好避免使用**斜体字**。另外，在西文中，虽然经常使用斜体来起到强调的目的，但也一定要选择适合倾斜的西文字体（例如，Century 就不适合斜体）。

17 如何选择最合适的字号

幻灯片的文字大小，即字号，究竟应该怎样设计才是合适的呢？大部分人可能会认为：字号越大越好，看起来更醒目。但这也不是绝对的，在实际中，我们应该根据内容的重要程度，来改变文字的字号大小和粗细。

幻灯片里的文字大小和粗细如果没有差异，整个画面看起来就比较单调，而且观看者不容易把握重点。我们需要对幻灯片的**字号**进行合理的编辑，使其看起来主次分明，这样才能让观看者直观地感受到哪个部分最关键，哪里是重点，从而增强资料的可读性。

根据重要程度来对文字进行主次区分

这样的资料
看不出来主次，
很单调。

通过字号来调整主次

小标题要用次大号字

正文部分的字号，仅次于重要信息和小标题。这和分组时的关联性是一样的，通过减小正文字号，来突出关键信息，让读者一目了然。

通过调节文字大小来进行分组

将所有的小标题都统一成次大号字，这样就很容易看清楚页面内容的主次规律了，而且也能轻松了解分组情况。

哪个部分
是重点？应该突出
一下啊！

从字号上突出主次，就能让观看者对重点内容有更直观的把握。我们应该对各部分文章的**重要程度**进行排序，然后选择与之对应的字号。基本原则是，普通内容用小号字，标题、小标题以及重点词语要加粗并使用大号字来凸显。

只改变文字的粗细，无法体现主次

只改变标题、副标题和正文文字的粗细，并不能体现出资料的重点。一定要在文字的字号上多下功夫，通过改变字号大小来达到吸引观众视线的目的。

通过字号来调整主次

只把标题加粗，体现不出明显差异

小标题要用次大号字

正文部分的字号，仅次于重要信息和小标题。这和分组时的关联性是一样的，通过减小正文字号，来突出关键信息，让读者一目了然。

通过调节文字大小来进行分组

将所有的小标题都统一成次大号字，这样就很容易看清楚页面内容的主次规律了，而且也能轻松了解分组情况。

字号大小也要变，这样才能体现出主次。

通过字号来调整主次

小标题要用次大号字

正文部分的字号，仅次于重要信息和小标题。这和分组时的关联性是一样的，通过减小正文字号，来突出关键信息，让读者一目了然。

通过调节文字大小来进行分组

将所有的小标题都统一成次大号字，这样就很容易看清楚页面内容的主次规律了，而且也能轻松了解分组情况。

要把标题用大号字展示出来。

大

如果是需要在屏幕上投影播放的PPT，一般应该将正文字号设置为18～32大小，想要强调某些文字或段落时，则选择再大一些的字号，而重要性较低的文字则适宜18以下的字号。如果是印刷出来的PPT，正文的字号一般设置为8～12是比较合适的。

18 引导视线的箭头宜使用不过于醒目的颜色

在连接文章和文章、图形和图形以及制作流程图时，使用箭头非常方便。但请记住，箭头只是起辅助作用的图形，如果对其形状和色彩进行过于花哨的设计，反倒会喧宾夺主，产生不好的效果。那么，如何使用箭头，才能让其发挥最佳功能呢？

箭头是用来连接资料中不同项目的一种辅助性图形或符号，它并不是资料的主角。如果将其设置得过于醒目，就会干扰读者对资料内容的理解。因此，使用箭头的要领，就是尽量不选择另类的形状和鲜艳的色彩。

主角是文本，箭头只是配角

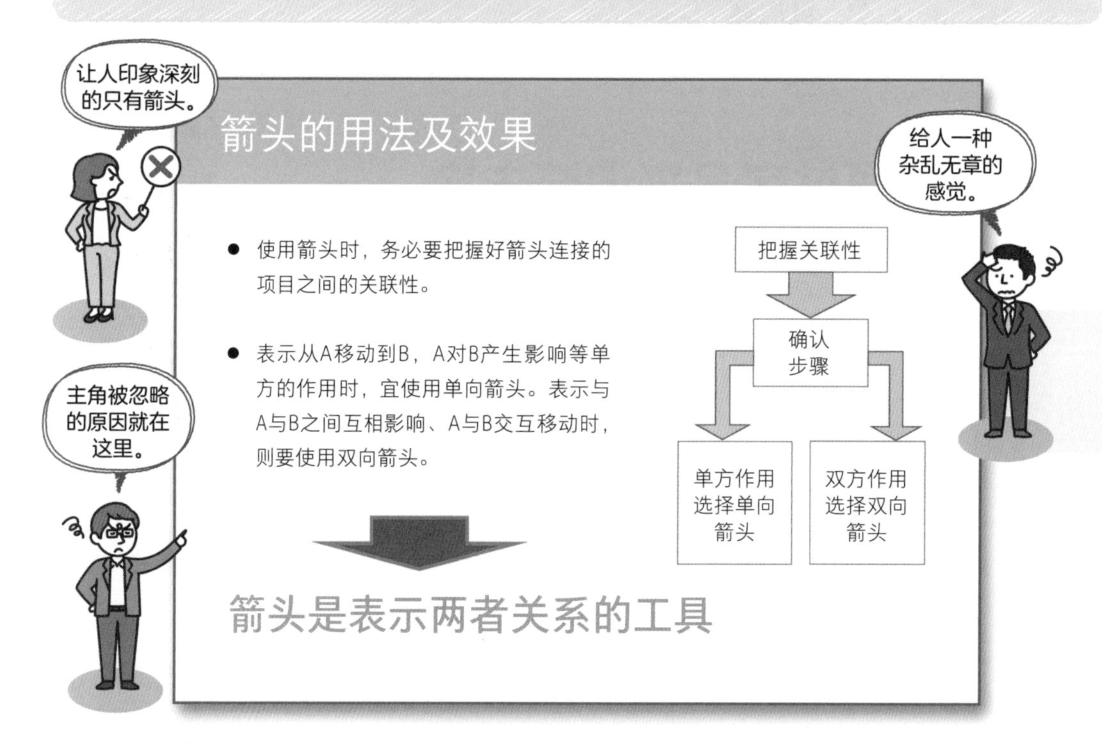
让人印象深刻的只有箭头。
主角被忽略的原因就在这里。
给人一种杂乱无章的感觉。
箭头的用法及效果
使用箭头时，务必要把握好箭头连接的项目之间的关联性。
表示从A移动到B，A对B产生影响等单方的作用时，宜使用单向箭头。表示与A与B之间互相影响、A与B交互移动时，则要使用双向箭头。
把握关联性
确认步骤
单方作用选择单向箭头
双方作用选择双向箭头
箭头是表示两者关系的工具

将箭头**变形**之后，看起来并不美观。另外，流程图中所使用的箭头样式全部要统一，例如箭头的形状和大小、箭柄的粗细等。色彩宜选择之前使用过的颜色，或者浅色、灰色等不醒目的颜色，这样才能给人一种平和稳重的感觉。

箭头会产生负面印象

右图的箭头过于醒目，这会削弱文本的主体位置，而且，向下的箭头会产生负面印象，这里要传递的明明是正面信息，却给人一种负面的印象。

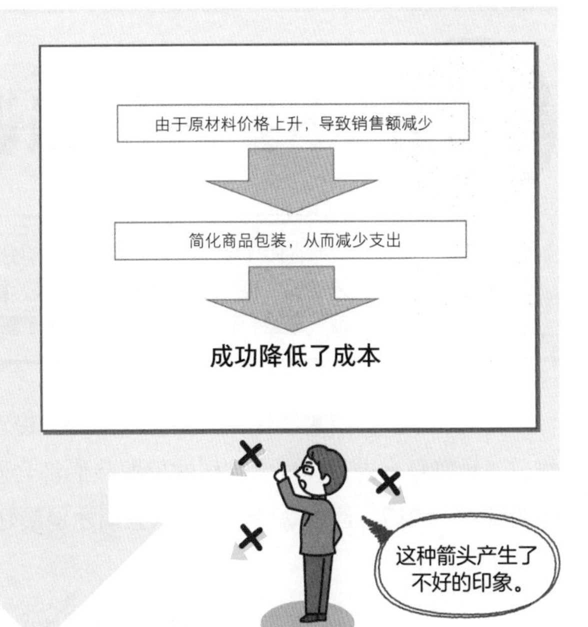
由于原材料价格上升，导致销售额减少
简化商品包装，从而减少支出
成功降低了成本
这种箭头产生了不好的印象。

减少了不必要的醒目效果。

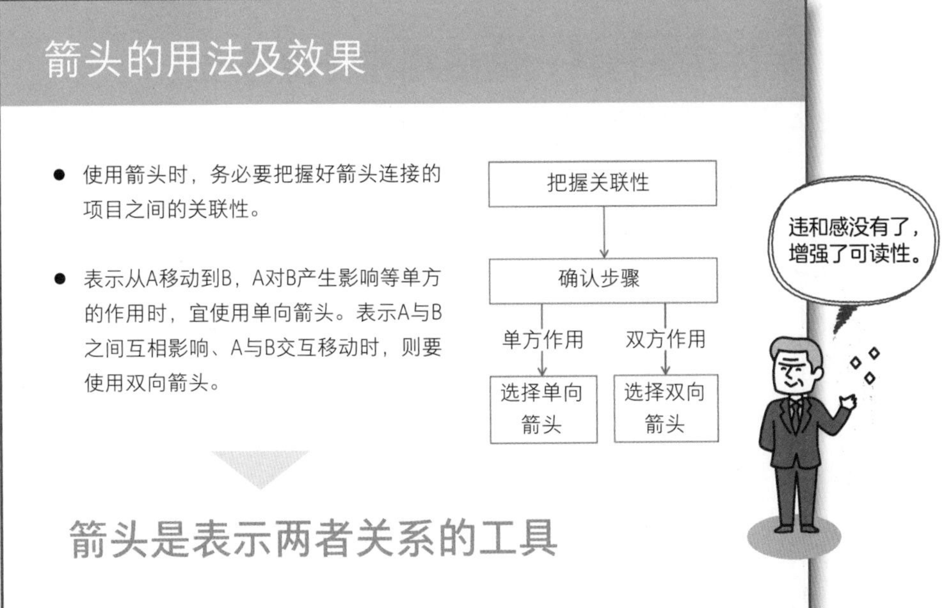
箭头的用法及效果
使用箭头时，务必要把握好箭头连接的项目之间的关联性。
表示从A移动到B，A对B产生影响等单方的作用时，宜使用单向箭头。表示A与B之间互相影响、A与B交互移动时，则要使用双向箭头。
把握关联性
确认步骤
单方作用
双方作用
选择单向箭头
选择双向箭头
箭头是表示两者关系的工具
违和感没有了，增强了可读性。

使用目标功能绘制箭头时，到底是选择三角形，还是箭头？如果是箭头，具体要选择什么样的形状？这些都要进行统一。我们只需记住如下规则即可：体现变化前后的关联时，宜使用三角形；表示顺序时，则建议使用箭头。

19 不要过度强调文字

在PPT中，如果想要强调某部分文字，可以通过改变字体的色彩，或者添加下划线来实现，但切忌过度强调。那么，如何才能使用简单的方式来有效地对文字进行强调呢？在这一节里，我们具体地来了解一下。

在PPT中，对“想要让大家关注的部分”设置不同色彩，改变字号，添加**下划线**、**波浪线**或各种**符号**来进行强调，这样的情况我们都会遇到。但是，这样操作之后，会影响资料整体的统一与和谐，运用简单的方式来强调才是最好的做法。

过度强调，就会成为噪声

注意下划线、波浪线和各种符号

强调文字的方式

- ○ 改变字号
- ○ 设置差别字体
- ○ 分组
- ○ 使用图解
- ✖ 添加下划线
- ✖ 添加波浪线
- ✖ 添加各种符号

强调的方式
五花八门
看起来
眼花缭乱

用各种不同的
方式来强调，究竟
有多大意义？

强调文字的方式主要有“加粗”“添加下划线”和“使用斜体”，但如果不加控制地滥用，就会造成页面混乱，让人看得心烦意乱。PPT最重要的是“易看、易懂”，要尽量避免多种强调方式的重叠。

下划线有可能造成阅读困难

同时包括“色彩”“图形”“文章”等多个要素的页面中，即使添加了下划线，也无法起到强调的作用，没有太大的意义，反而有可能造成阅读困难。

图形中不要添加下划线	下划线和边线挨在一起，不易辨识
图形中不要添加下划线	行间距显得狭窄局促
图形中不要添加下划线	不同种类的线条排列在一起，产生违和感

不加下划线，更容易看明白。

注意下划线、波浪线和各种符号

强调文字的方式

- ○ 改变字号
- ○ 设置差别字体
- ○ 分组
- ○ 使用图解

- × 添加下划线
- × 添加波浪线
- × 添加各种符号

强调的方式五花八门看起来眼花缭乱

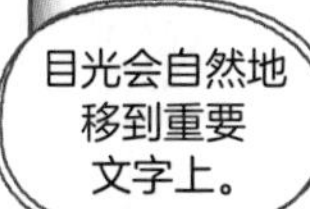

目光会自然地移到重要文字上。

如果使用了不同的色彩和字号进行强调，就不需要再添加下划线了。强调的方式要简单化，这样页面整体给人的感觉更加干净利落，内容更易读懂。当然，如果不改变色彩和字号，只通过添加下划线来强调也是完全可以的，只是下划线不够醒目，强调的效果会稍微差一点。

20

分项列举要一目了然

分项列举是PPT的重要组成部分之一。如果没有掌握项目对齐的方法和技巧，列举的内容东倒西歪、乱七八糟，就会影响阅读。分项列举时，有哪些需要注意的地方呢？

采用**分项列举**时，必须要让观众一眼就看明白，每个项目包括的内容到哪里为止。单纯用“·”来区分各个项目是远远不够的，很难给对方以直观的印象。要想让项目列举变得既简明又清晰，就需要使用分项列举的功能，进行更细致的调整。

每个项目的起始位置要对齐，各项目之间留出空行

前面的“·”不醒目，被淹没在文章中了。

让分项列举更美观的方法

·想让分项列举更美观，掌握以下三个技巧就可以轻松实现。
·第一，使用分项列举功能，将第一行和第二行以后的起始位置对齐。
·第二，项目符号要醒目。
·第三，每一行的间距要合理，各个段落之间也要留出合适的空白。
·这样一来，整体的结构就非常清晰了。

分项列举能让页面的结构看起来更清晰

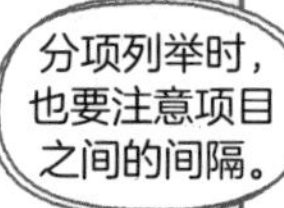
分项列举时，
也要注意项目
之间的间隔。

总觉得读起
来有点费劲，
为什么呢？

???

首先，分项列举时，从第二行开始，每一行都要**缩进**一个字符，并且每行的起始位置要对齐。其次，分项列举要按项目进行**分组**。基本的方法是，增加项目间（段落间）的空行。这样一来，各个项目的起始和终止位置就非常明确了，一眼就可以看出每个项目包括的内容有哪些。

删除多余的分项

小标题没有必要全部分项列举。如果只有一个项目，就不要分项。另外，除非必须，分项列举的符号也可以省略掉。

错误	正确
结构复杂的分项列举	不进行分项列举
● **突出小标题** —把小标题加粗，使其与正文有所区别，更醒目。	**突出小标题** 把小标题加粗，使其与正文有所区别，更醒目。
● **扩大行间距** —行间距狭窄会影响阅读，应适当扩大。	**扩大行间距** 行间距狭窄会影响阅读，应适当扩大。

不要加入多余的分项列举

稍微花点心思，效果完全不同。

各个项目清晰明确，显而易见。

让分项列举更美观的方法

- 想让分项列举更美观，掌握以下三个技巧就可以轻松实现。
- 第一，使用分项列举功能，将第一行和第二行以后的起始位置对齐。
- 第二，项目符号要醒目。
- 第三，每一行的间距要合理，各个段落之间也要留出合适的空白。
- 这样一来，整体的结构就非常清晰了。

另外，分项列举时，不要使用“·”，而应使用更醒目的“●”放在项目的起始位置来增强视觉感。在PowerPoint里，我们可以轻松进行分项列举，同时也可以使用“项目和段落符号”功能来改变符号的形状和大小。

满篇文字，不如尝试图解

“想要传递的信息量太大，就很容易做成一份满篇文字的PPT”，相信很多人都有过这样的经历。在这种情况下，建议使用图解或流程图来将各个事项之间的关系展示出来，会有事半功倍的效果。

图解的优势在于，它比分项列举具有更强的直观性。图解的方法多种多样。例如，重要概念使用插图来提示，操作步骤或因果关系用图形来描绘，各个事项之间的关联和分层结构用流程图来展示。因此，我们必须根据内容来选择合适的图解方法。

用图解让内容更直观

内容总结得是很好……

文章本身没有问题，但信息的传达却很困难

- **准确**高效地向对方传递信息。
- PPT要简单易懂，给对方留下**良好的印象。**

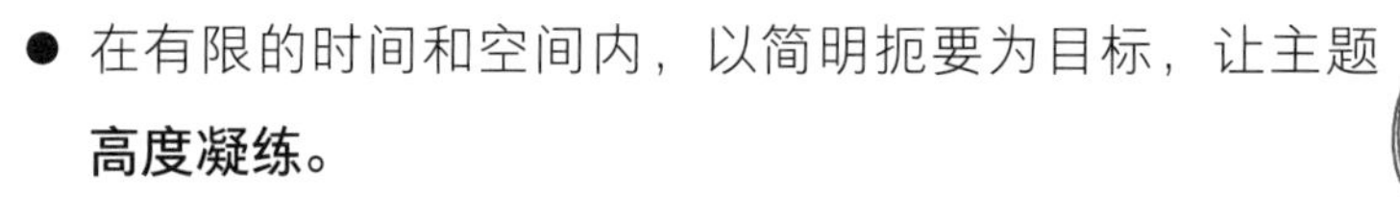

- 在有限的时间和空间内，以简明扼要为目标，让主题**高度凝练。**
- 高度凝练、简洁易懂的资料可以提高小组内部共识，**增强交流**，从而提升工作效率。

这么多字，看起来有点累……

满篇都是文字，跟说话差不多嘛……

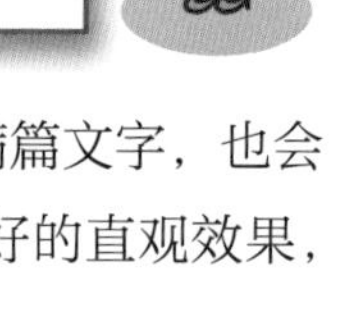

图解可以将复杂的信息进行有效的简化。即使PPT的内容很有意义，但满篇文字，也会给观看者造成负担。通过图解的方式来表现各个内容之间的**关联性**，具有更好的直观效果，推荐大家使用。

图解的灵活运用

满篇文字的PPT，有可能妨碍对方对内容的理解和把握。因此，如何减少文字，如何使用插图、图形来让文本内容简明易懂，一定要仔细斟酌。

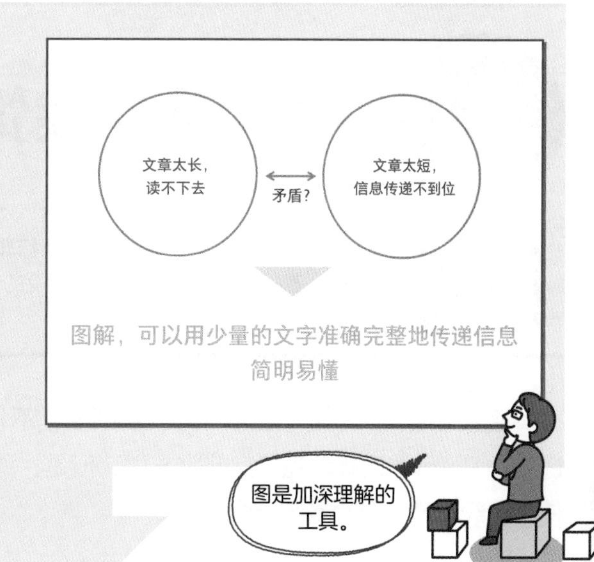

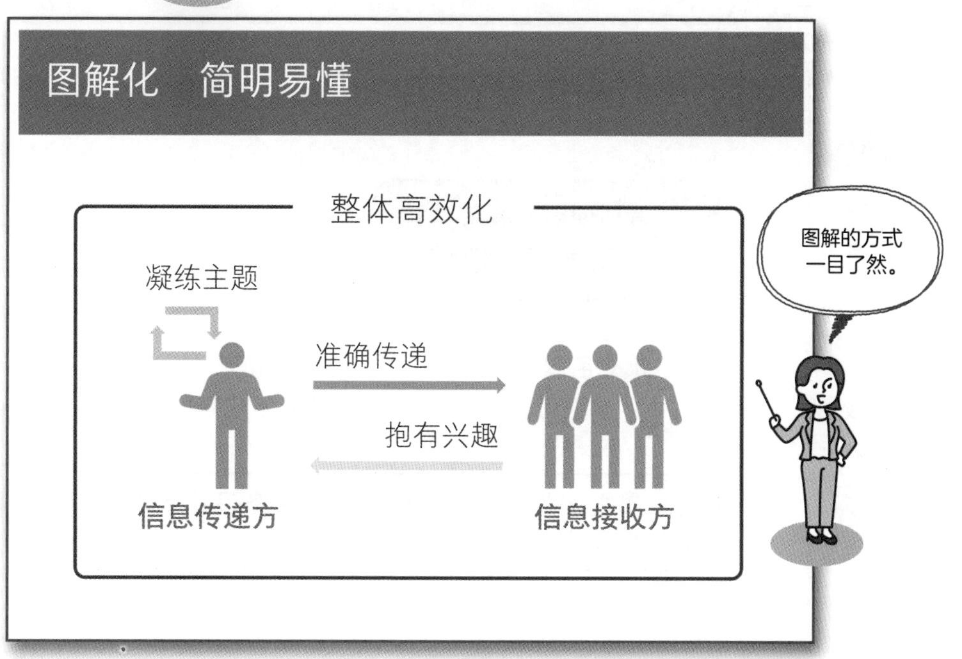

如果运用得当，图解可以使对方更好地理解各个要素间的关联性，这是图解的优势。与文字相比，图解可以更清晰准确地传递各个事项之间的相互作用、并列等关系。另外，在有些情况下，使用插图或照片的效果会超过图解，因此需要具体情况具体分析，选择合适的处理方式。

22 控制图标装饰效果

在PPT中，圆形或矩形等图标非常方便实用。但如果使用不当，甚至对其滥用色彩，让人眼花缭乱，就会起到相反的效果。那么，具体应该注意哪些方面呢？

给文字添加边框，使用箭头或圆圈等不同形状，可以使内容展示得更加清晰，PowerPoint的**图标功能**确实非常方便。但是，请一定记住，如果页面文字较多，就不适合使用边线，因为会对阅读造成干扰。

“填充”和“边线”二者只选其一

从插入的图形开始选择。

各式各样、五花八门啊。

图标的装饰

同时使用“填充”与“边线”两项装饰

填充色调淡一些，增强可读性

较粗的“边线”给人不成熟的感觉

有大量文字的情况下，即使只给线条设置色彩，也会对阅读造成干扰

不要滥用图标装饰，否则会造成负面影响。

图标功能中，“**填充**”和“**边线**”都可以进行色彩的设置，但是，如果我们给同一个图标的“填充”和“边线”同时进行色彩设置，会有一种过犹不及的感觉。正确的做法是，只给“填充”或“边线”其中一项设置色彩。

图标的设计要简单

PPT中使用的图标，要尽可能简单。如果色彩过于鲜艳，就容易对阅读造成干扰，使对方的注意力无法集中到文字上。而且，最好不要设置阴影、立体、渐变等复杂的效果。

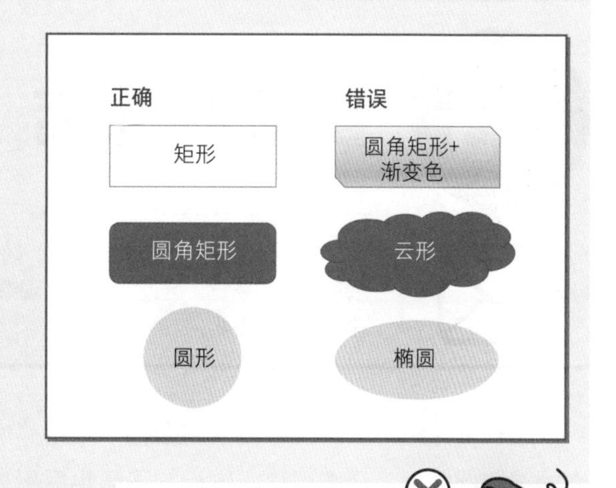

图形的边线可以进行不同的粗细设置，一般说来，越细的边线，越能营造一种成熟稳重的氛围，而越粗的边线，给人的感觉越优雅柔和。如果边线的粗细超过了文字本身的粗细，就会给人一种繁杂的感觉，这种负面效果比色彩使用不当还要明显，因此一定要注意。

图解要简洁

由多个图标组合而成的图解，随着要素的增加，会变得越来越复杂，就很容易给人杂乱无章的感觉。因此，为了让观看者更好地理解内容，图解要尽量设计得简洁明了，这一点非常重要。

上一节提到，在图解中使用的**图标**，采用“填充”和“边线”同时添加色彩的做法是不当的。除此之外，还需记住，图标的形状也尽量选择相同的，尽量不增加图形的种类。圆角矩形和椭圆由于各个位置的大小和角度会有偏差，不易对齐，因此最好不用。

减少图解中使用的颜色数量，简洁大方最重要

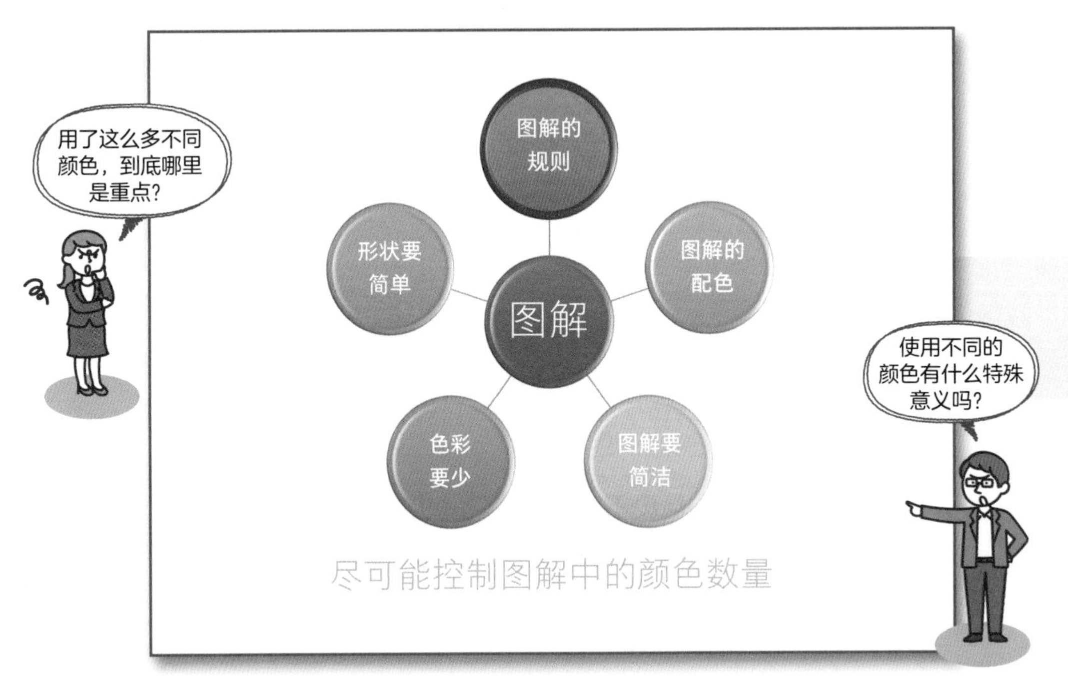

不刻意增加**颜色数量**，是制作图解时很重要的一点。使用过多的颜色，会造成整体缺乏统一感的印象，让观看者无法聚焦重点。如果实在想要增加颜色数量，可以使用一些小技巧，例如对同一种颜色的深浅进行调整，或者使用灰色等不醒目的颜色来体现差异。

位置和大小要统一，框内要留余白

制作流程图时，要注意图框的大小和位置。因为框内文字排得与四周边线距离不均会使外观变差，所以要在文字较多的框内调整宽度。另外，一定要在框内留出余白。

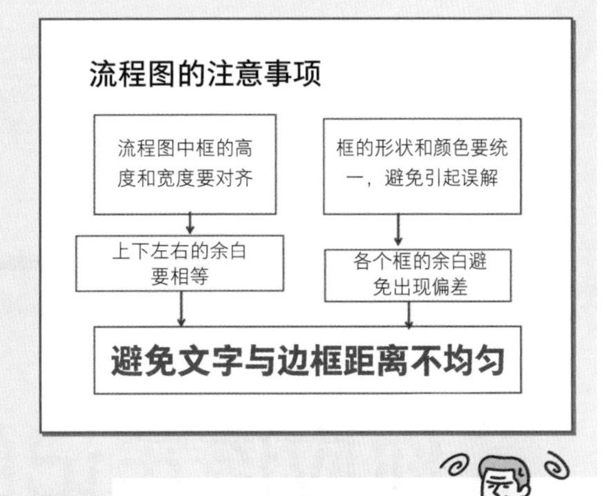

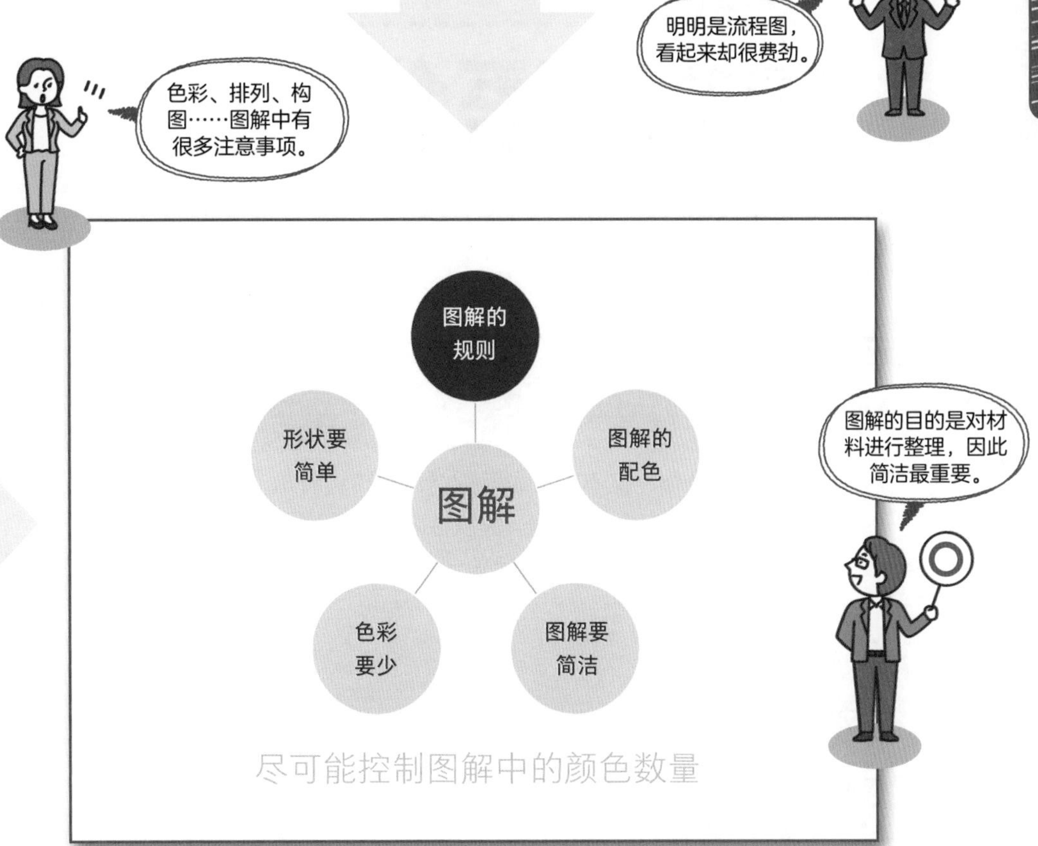

鲜艳明亮的颜色比朴素暗淡的颜色更能引起人的注意，特别是红色和橘色，比蓝色和绿色的吸引力要强。因此，制作图标时，要能够恰到好处地运用色彩，对内容进行主次的区分。具体来说，重点部分使用鲜艳的色彩，其他部分使用暗淡的色彩。

专栏 02

你应该牢记的！PPT用语集

文本篇

关键词

版面设计

版面设计是指对图像、文本、色彩等视觉信息传达要素，进行有组织、有目的地组合排列的设计行为与过程。关联性较强的要素要靠近排列，而关联性较弱的要素则尽量分离。合理的页面设计，可以提高观看者对内容的理解度。

关键词

网格线

网格线是指纵横分布在页面上的，呈方格状的辅助线。在进行版面设计时，让文字、图像等要素沿网格线对齐，可以让页面看起来更加整齐美观。

关键词

文字组合

文字组合是指将文章用字符串或段落组合起来的行为，也指这样组合而成的文字。西文不能竖排版，而如果是日文的话，横排版、竖排版都可以。

关键词

通用设计

通用设计最初是由北卡罗来纳州立大学的罗纳德·梅思提出的建筑设计理念之一，现用来表示超越了文化、性别、障碍的有无等因素，以任何人都可以使用为基准的设计。

关键词

图解

图解指的是以流程图和图表为代表的表现手法，经常用于PPT中，用来对事项进行说明。将烦琐的数值进行图示化处理，不仅可以提高观看者对内容的理解度，也能够有效提升资料的说服力。

关键词

图标

图标指的是PowerPoint幻灯片中自带的电脑图标或图形。其中有一些图标是像图表、文本那样直接插入资料页面中。此外，也包括一些固定格式和设计的内容。

关键词

目标分组

目标分组指的是将图形、图表、文本等独立的目标划分到一起的行为。分组之后，移动目标，或者更改目标大小时，可以整体进行操作，而不用分别编辑，因此有助于提高工作效率。

关键词

目标的位置

想要将图形、图表等目标对齐时，可以选择左端对齐、居中对齐、右端对齐以及顶端对齐等不同方式。PowerPoint中，有标准网格线和引导功能，可以以0.2厘米为单位，对目标进行移动。

关键词

网格线和引导

网格线指的是对目标进行编辑时，在目标页面内以一定间隔显示的横线和竖线。引导指的是在页面内对目标进行编辑时，定义可放置空间的基准线。

关键词

缩进与行距

缩进指的是对段落起始位置进行缩进的字符组。行距指的是文本每行之间的距离。扩大行间距，可以增强文字的可读性。

第3章

图表成型，结论就呼之欲出

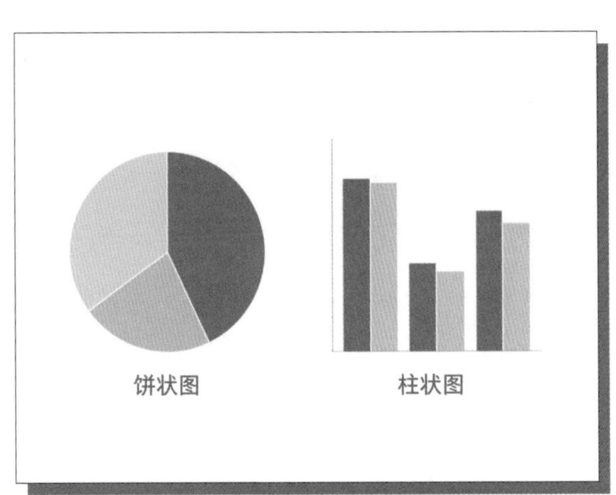

如果PPT中插入了一目了然的图表，
那么你的提案被认可和采用的概率就大大增加。
只需掌握一些注意事项，
你也可以轻松做出精美的图表。

关键词 → 数值、表格

展示数据，图表的魅力无可替代

数据是PPT中最具有说服力的材料。作为传递信息的重要依据，如何才能让数据发挥最佳作用，给决策者留下深刻印象，这直接决定了资料的提案能否被顺利采纳。

在PPT中加入数据（**数值**）时，最关键的是一定要做到一目了然。将数据展示给对方，如果直接使用Excel**表格**，看起来会比较费劲，最好改成图表的形式，更加直观。饼状图、柱状图、折线图……根据内容，来选择最合适的图表。

选择合适的图表

有各式各样的图表啊。

什么时候用呢？

有很多似曾相识的图表啊。

饼状图
比例

堆叠图表
比较各组的比例

散布图
显示各要素间的关系

折线图
体现某个要素的变化状况

柱状图
比较各项之间的差别

柱状图（多个）
比较多个小组各项之间的差别

散布图（多个）
多个小组各要素间的关系

折线图（多个）
多个小组某要素的变化情况

在涉及数据的报告中，如果插入文字说明或者Excel表格，可读性较差，建议使用图表。即使是相同的数据，也要根据不同内容来选择合适的图表。例如进行小组间的比较时，宜选择柱状图；体现比例的话，就用饼状图；显示变化趋势时，则要选择折线图。

要展示确切数值时，使用表格

图表的优势在于一目了然，能提高理解度。但是，如果需要展示确切的数值，那就应该使用表格。有充裕时间可供仔细阅读的PPT，适宜用表格将数据进行具体细致的展现。

奥运会观赛情况的问卷调查

问卷调查结果

回答数（n=1200）

	回答	不确定	确定
观看	7,560	2,722	4,838
不观看	2,640	950	1,690
不知道	1,800		
无效票	1,296		

国民的6成（6000万人）以上

↓

确定的有36%（3600万人）

虽说是一个宣传的机会，但也要对最小量进行设定预估

从图表得出的结论一定要写出来。

要想仔细地斟酌数据，还是得看表格啊。

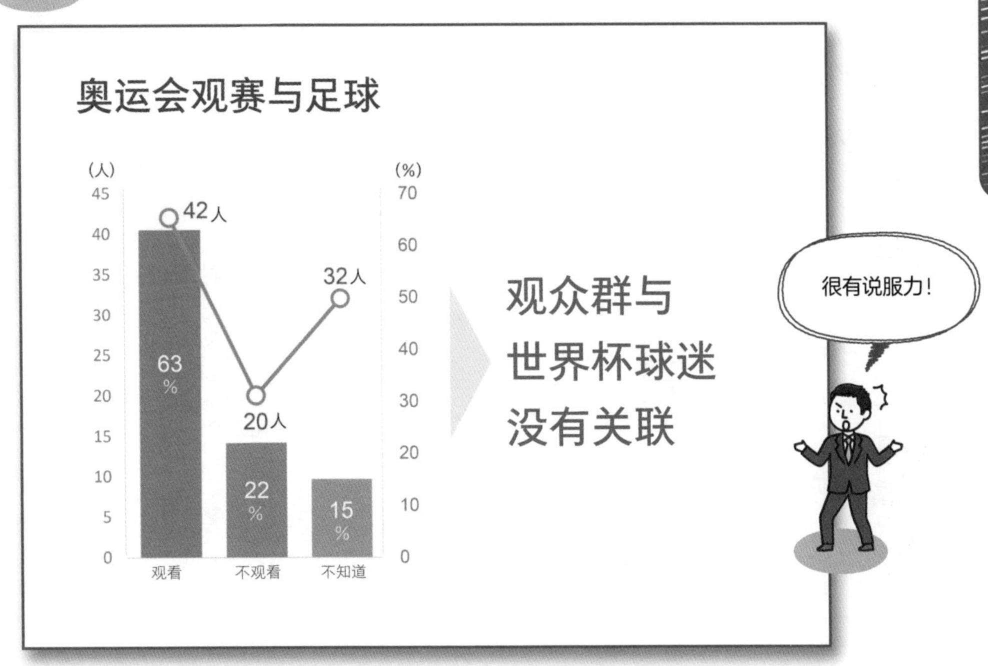

在PPT中，与文字相比，用图表来对数据进行说明，可以提高观看者对内容的理解度。但需注意，有时会出现由于图表选择失误而妨碍信息传递的情况。所以，选择合适的图表类型至关重要。

02 一页放置一张图表

图表虽然具有直观醒目的优点，但并非插入页面就万事大吉了。首先，要选择合适的图表类别，这一点无须多言，因为图表是导入结论的依据。但是，如果依据过多，也会给观看者造成困扰，最有效的做法是一页只放置一张图表。

什么样的**图表**是合适的？图表的选择因内容而异。不知道如何选择，索性在页面中插入多个图表的做法是完全错误的。要将重点聚焦在真正需要显示的数据上，以简明扼要为目标。

多个图表，会造成理解困难

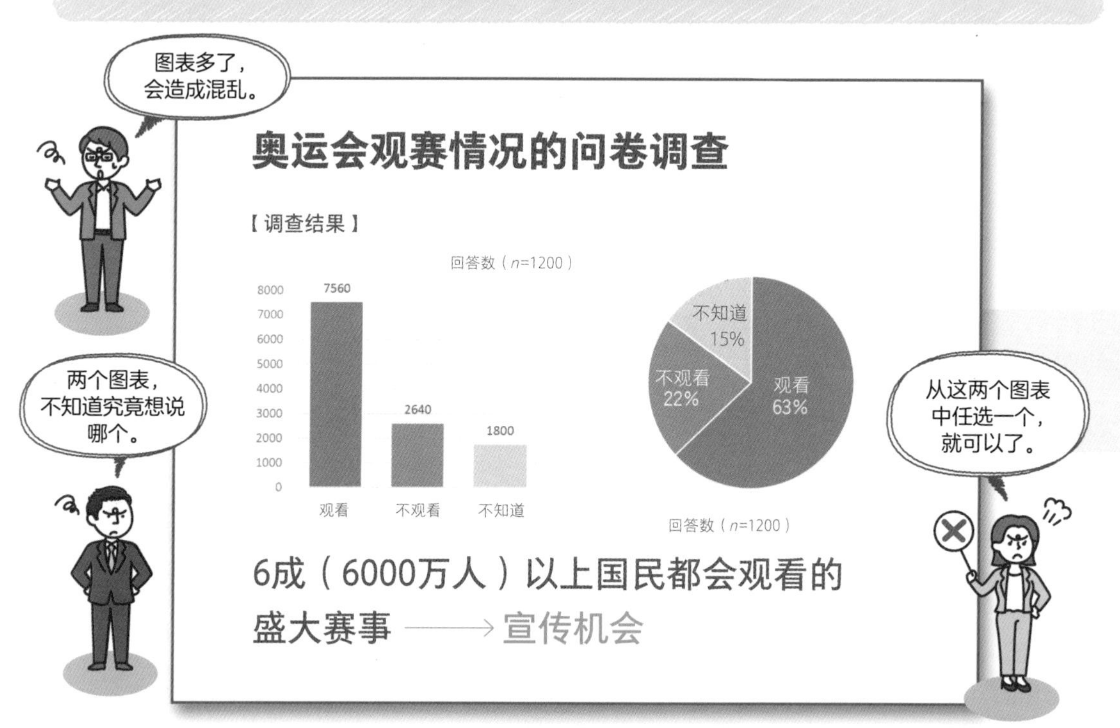

使用图表的一个基本原则是“一页放置一张图表”。如果一个页面中插入了多个图表，每个图表的尺寸都会相应变小，直接影响显示效果。页面上同时摆放着多个项目名称和数据并不醒目的图表，观看和理解起来是非常花时间的。

不要把多个图表合并为一个

一页放置一张图表。好好思考一下“我究竟要传递什么信息”，然后将多余的内容删除。将柱状图和折线图合并在一起，虽然能起到归纳总结的效果，但这样复杂的图表可读性差，看起来费劲，因此应该避免。

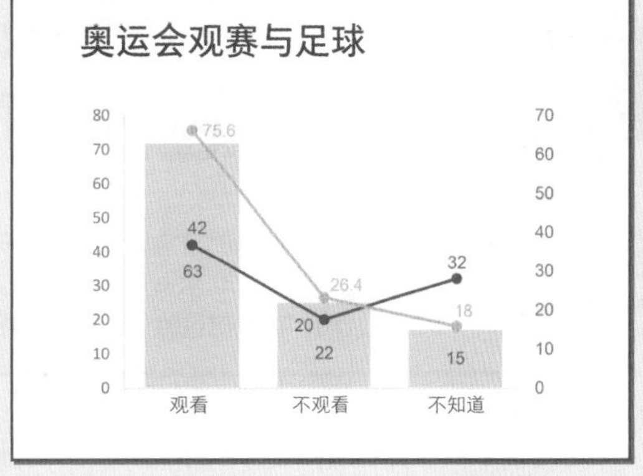

一个图表，
一个结论。

No!
显示不同信息的图表不要合并在一起。

奥运会观赛情况的问卷调查

【调查结果】 回答数（n=12000）

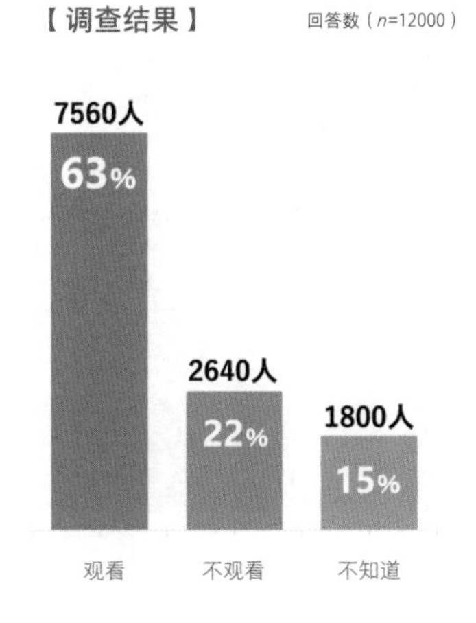

6成（6000万人）以上国民都会观看的盛大赛事

宣传机会！

图表作为依据，很能说明问题。

重要的是“使用图表来传递什么信息”，这一点必须要明确。不仅仅是展示数据，还要将相应的结论恰如其分地引导出来。这种情况下，建议将图表放置在页面左侧，**关键信息**放置在右侧，观看起来更为方便。

图表的线条和颜色不要过于复杂

由于图表能够清晰地展示量的对比和变化，因此，与说明性的文本相比，它具有更强的直观性，非常适用于PPT中。但是，给图表添加过多的色彩和线条，反倒会显得乱七八糟，降低可读性，这一点请务必注意。

使用图表作为依据来进行演示说明时，有时为了吸引观看者的注意力，会对图表进行过多的装饰。例如，使用不同色彩来做区分，为了强调而增加边线等。这些多余的色彩和线条，有时反倒会成为损害图表直观性的元凶。

给装饰做加法会损害直观性

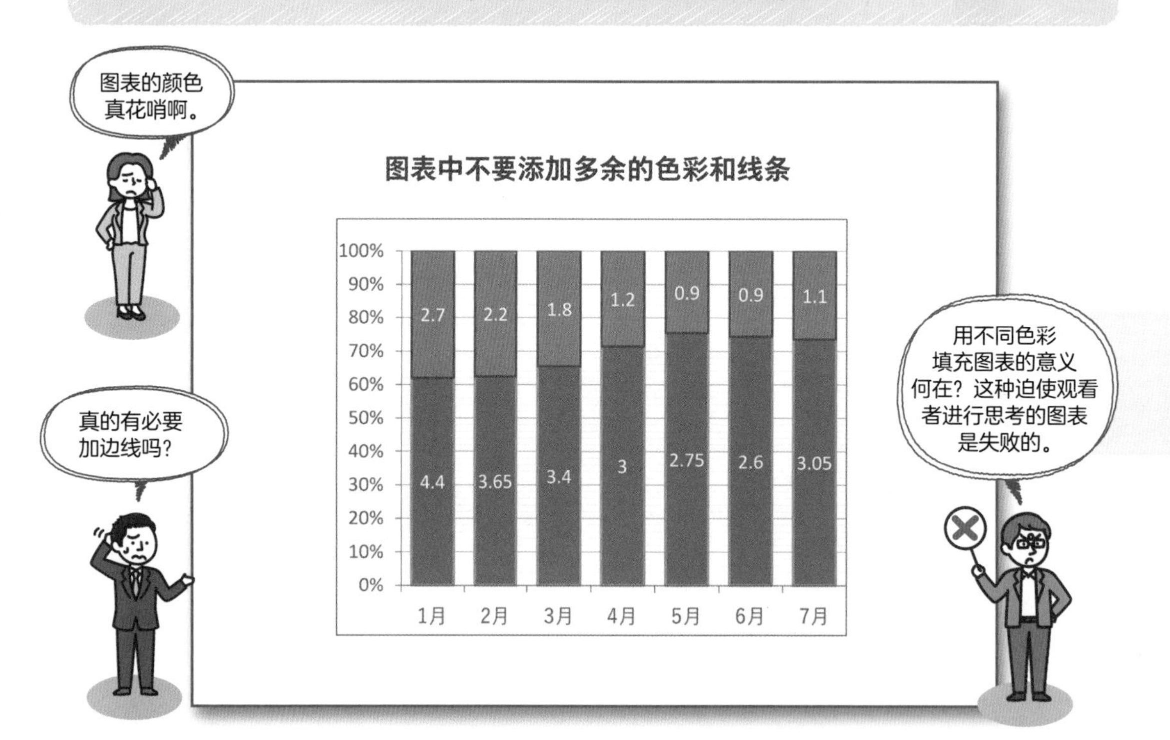

制作图表时，为了引人注目而使用多种色彩进行填充、添加边线的做法是完全错误的。为了增强直观性，最好去除标准**刻度线**等多余项目。为了突出重要内容，与其做加法，不如做减法。

改变图表的填充色彩，可以充分增强可视度

修改图表时，为了增强可视度，类似增加边线、加粗线条色彩等做法要避免。如果柱状图颜色过浅，可以尝试改变图表本身的色彩，而不要增加边线。

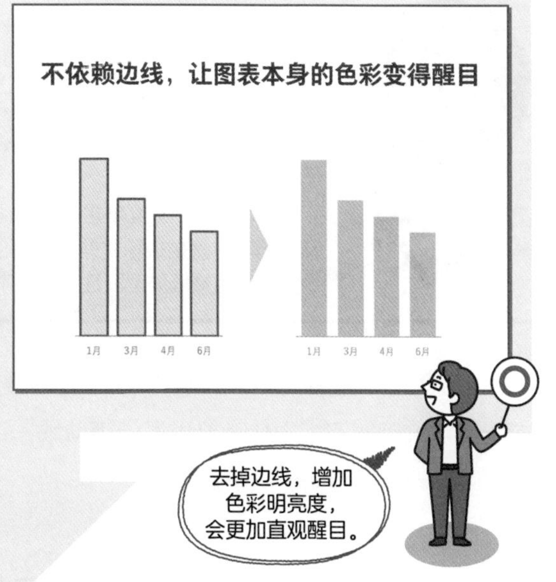

不依赖边线，让图表本身的色彩变得醒目
1月 3月 4月 6月
1月 3月 4月 6月
去掉边线，增加色彩明亮度，会更加直观醒目。

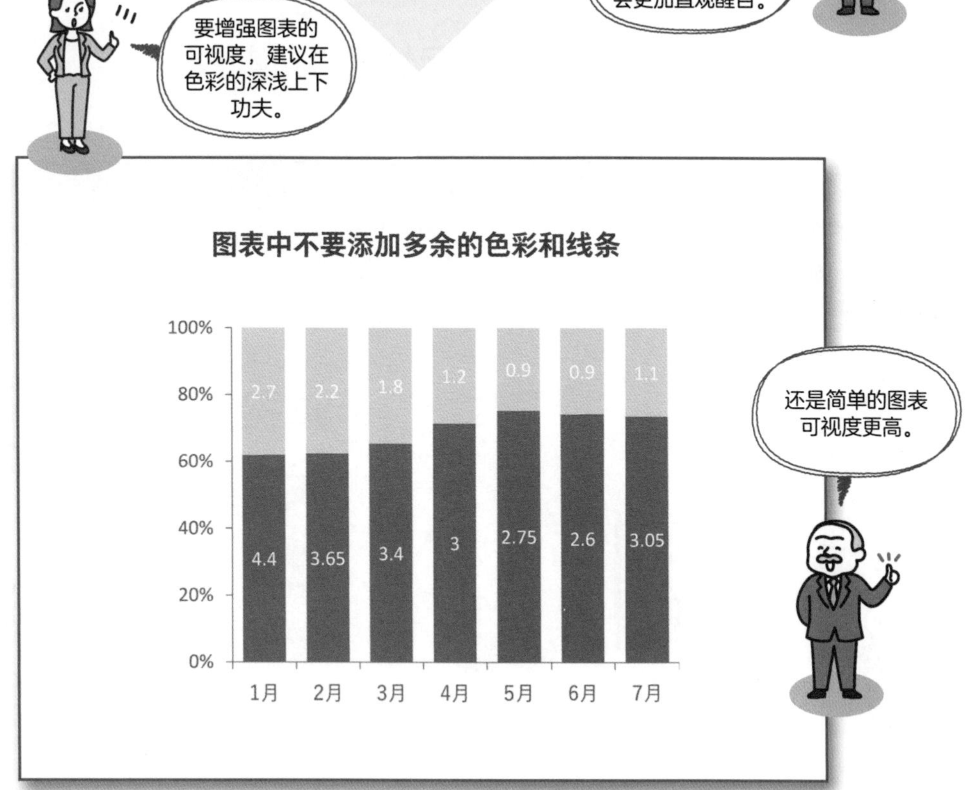

在图表中，与其给每个要素设置不同的色彩，还不如将图形统一成一种色彩，这样可以保持页面整体的一致性。建议可以通过调整色彩的**深浅**，或者使用灰度来进行区分。另外，**填充**和**边线**二者选其一即可，尽量避免多余的装饰。

避免多余的辅助线和立体化设计

画辅助线、对文字进行立体化处理、设置渐变色……要想做出醒目直观的设计，最基本的一点就是去除这些“多余的要素”。精心制作出来的PPT，往往会因为加入了多余的要素而降低了可读性，变得不易观看。那么，什么是多余的要素呢？

在PPT中，**立体化**设计、渐变色、阴影等要素，对于正确传递内容而言并非必需。另外，如果不能准确回答“为什么要用那条**辅助线**”这一疑问，从设计的角度来看，就应将之判断为“无用的东西”而加以抛弃。

难以分辨实际数据的立体图

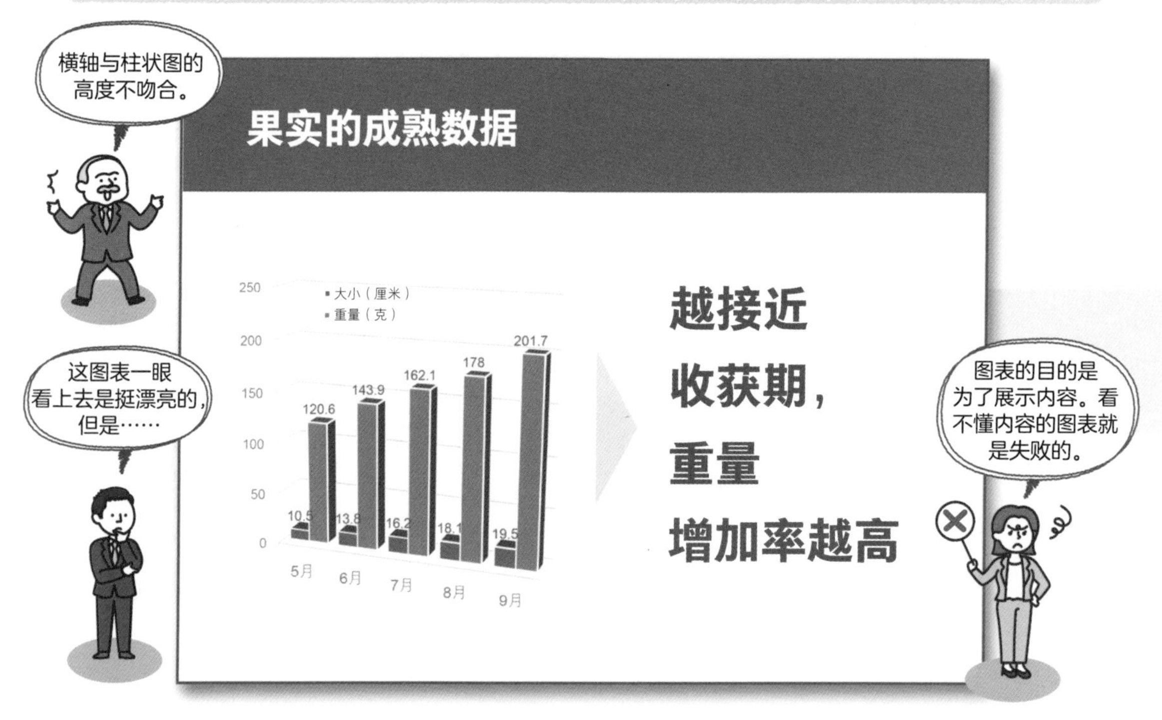

插入图表的要点是，只准备“想要展示”的内容。与想要传递的信息无关的要素，应悉数去除。那种包含多个信息的、看起来非常漂亮的立体图表，由于难以分辨实际数据，实用性极低，因此不建议采用。

去掉多余的辅助线

作为基本图表之一的柱状图，其上带有表示刻度的辅助线。有没有辅助线，对图表的功能没有影响，但它的存在会造成视觉障碍，所以那些不是必需的辅助线，完全可以去掉。

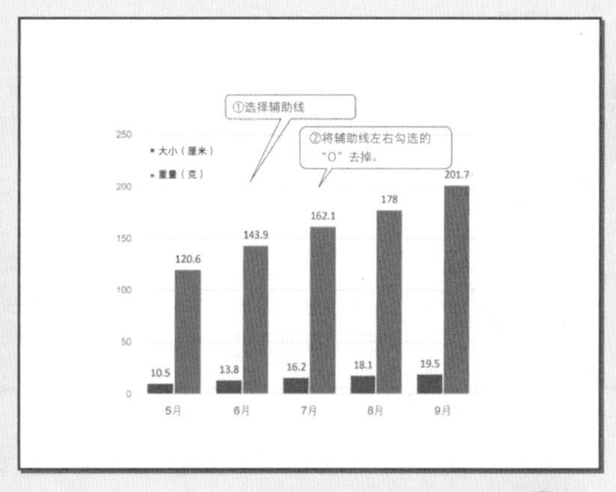

有存在感的线条很碍事。

可以对图表的默认设置进行各种更改。

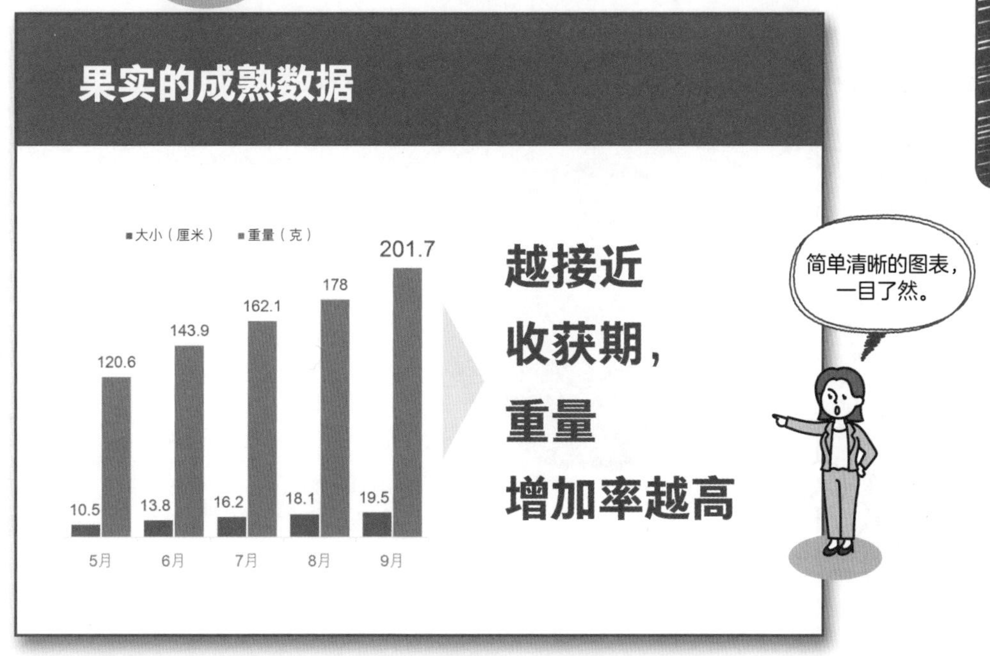

立体图表失败的原因，除难以分辨实际数据之外，与普通柱状图相比，立体图中相邻图表之间难以进行比较。因此，制作柱状图时，完全可以将立体图这个选项排除在外。此外，还要注意图中是不是存在多余的线条。

05 图表的通用设计化

通用设计（UD）指的是不同文化、语言、国籍以及性别、年龄的人群，无论是否有残疾，能力高低，都能够运用的设计。在PPT中，如果能有意识地使用通用设计，就可以向更多的人传递信息。

色彩的感知因人而异。具有**色觉特性**（色彩感知与常人不同）的人群仅日本国内就有数百万人。为了做出一份让更多人能轻松看懂的PPT，不单单是色彩，任何方面都要尽可能地去选择通用设计。

图表也要选择通用设计

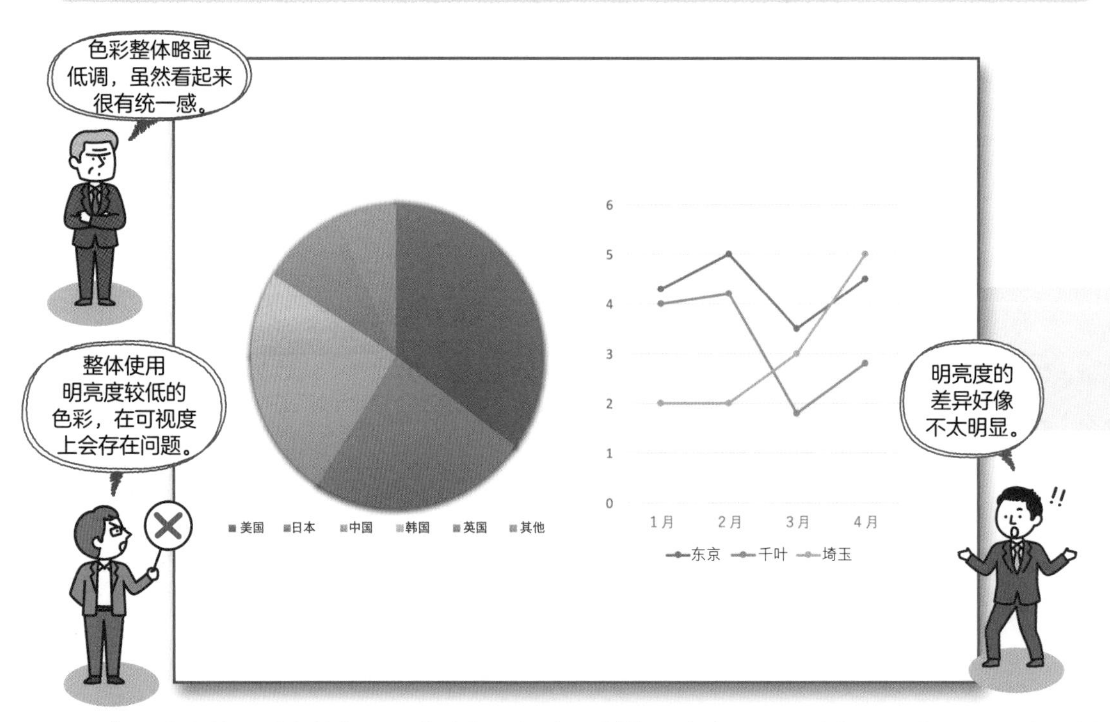

在设计上使用过多的色彩，会降低可视度，制作图表也同理。我们可以换一个思路，例如实线和**虚线**并用，使用图案或**纹理**填充等，如能将这些方法组合运用，就可以做出辨识度高的图表，而不必单纯依靠色彩来解决问题。

使用不同明亮度和饱和度的色彩来填充

颜色有“色调”“**明亮度**”和“饱和度”三个要素，对图表的色彩进行填充时，不要使用色调来区别，而应使用不同的明亮度和饱和度进行区别，这才是通用设计。

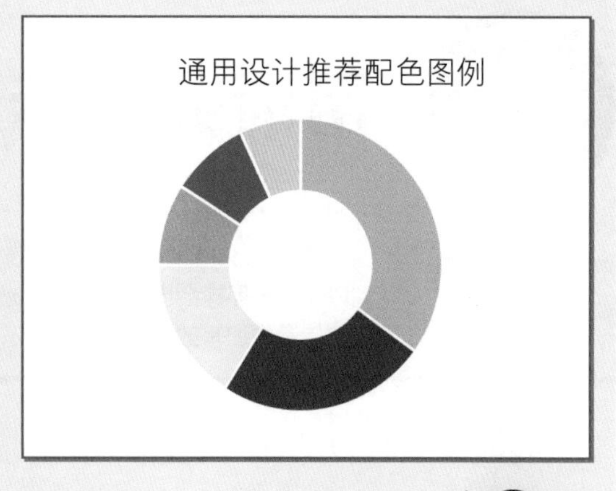

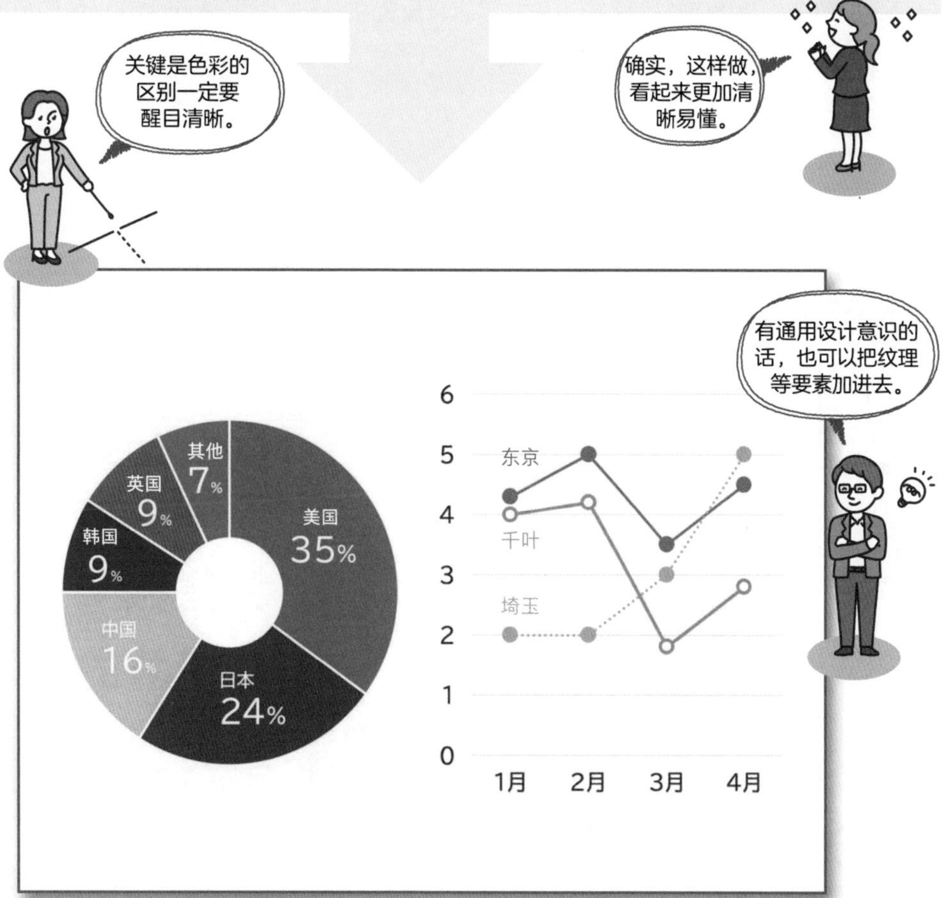

为了让观看者看得更明白，图例应该放在图的内部而不是外部。另外，切记一定将图例的文字设置为清晰可辨的字体，而不要使用标准字体，数字要设置成西文字体。

06 用箭头表示变化

使用Excel制作图表是非常简单的，但是，不要把制作出来的图表原封不动地粘贴到PPT中，那样会出现重要信息无法传达的情况。要在图表的关键部分增加要素，让信息的传递更加有效。

图表的视觉冲击力，体现在**变化**大小上。为了让观看者理解这种变化，常会辅以**箭头**。但是，只用箭头效果不佳，将箭头与文字信息放置在一起，会给人更加深刻的印象。

给图表添加箭头，可以提高关注度

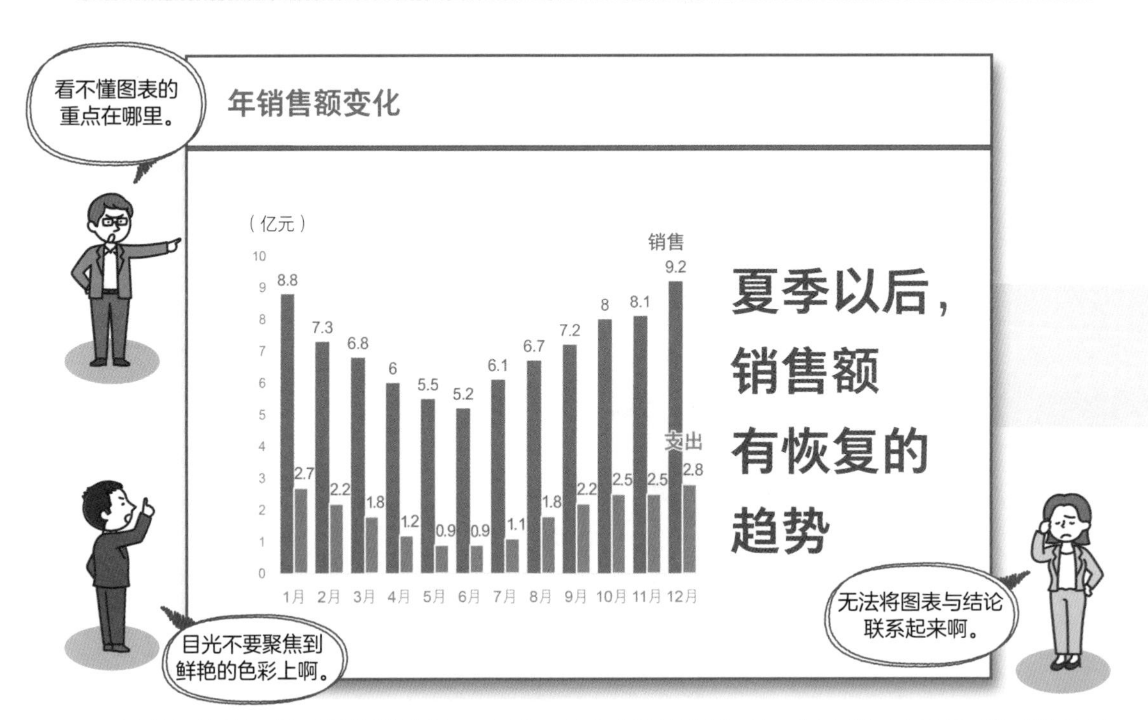

既想保持简洁明了的视觉效果，又想要突出强调关键信息，怎么做才好呢？使用箭头是一个很好的方法。在图表不断上升的位置添加箭头，就能够很好地起到强调作用。箭头可以明确**关注点**，增强宣传效果。

提高图表的表现力

如果图表横向延伸过多，就不容易捕捉数据的变化。这时可以根据需要删除中间的图表，或者改变纵横比，就可以正确读取数据。

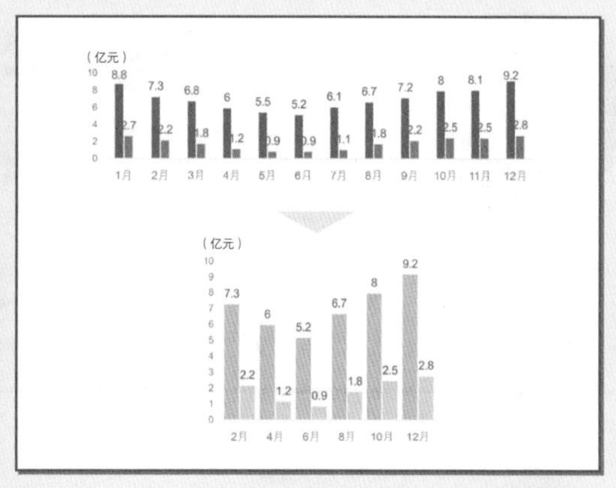

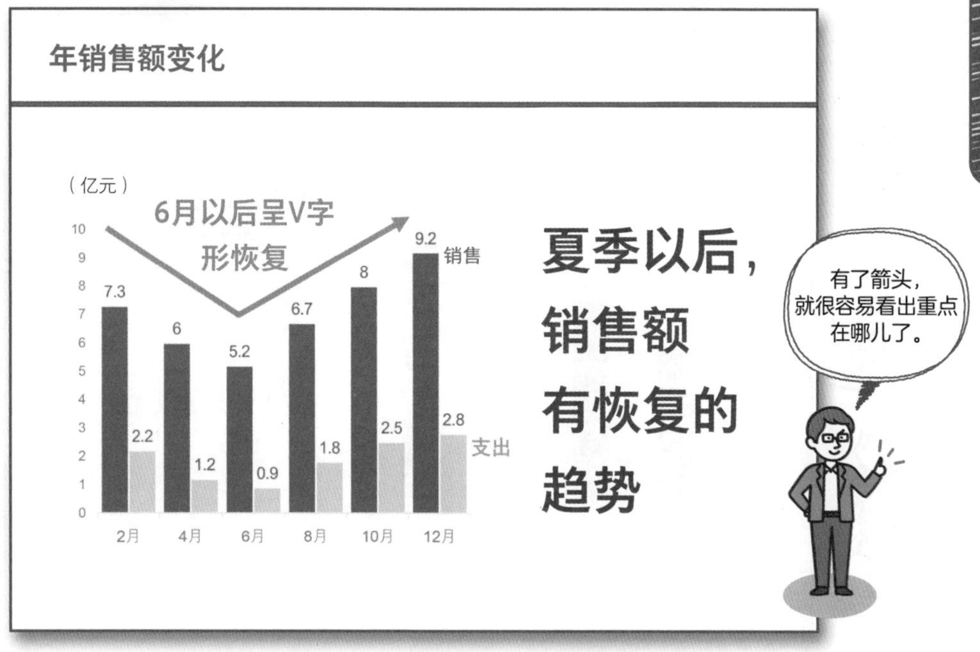

为了让数值的增减更加直观，切记不要将图表进行过度的横向延伸。另外，通过图表格式来调整纵轴的最大值和最小值，也是一个有效的手段，可以让增减情况显示得更清晰。

给重要数字增加视觉冲击感

有时，我们会遇到需要强调数字的情况，例如“增长50%”。在PPT中，仅仅凭借数值的显示方式就能给人带来巨大的视觉冲击感，一定要充分利用这项功能。

在PPT中，如果“**单位**”的字号设置过大，就会减弱数字的视觉冲击感，对数字的识别和记忆也会变得模糊。为了提高判读性和辨识性，必须降低“单位”的存在感。

图表中的单位也要使用小号字表示

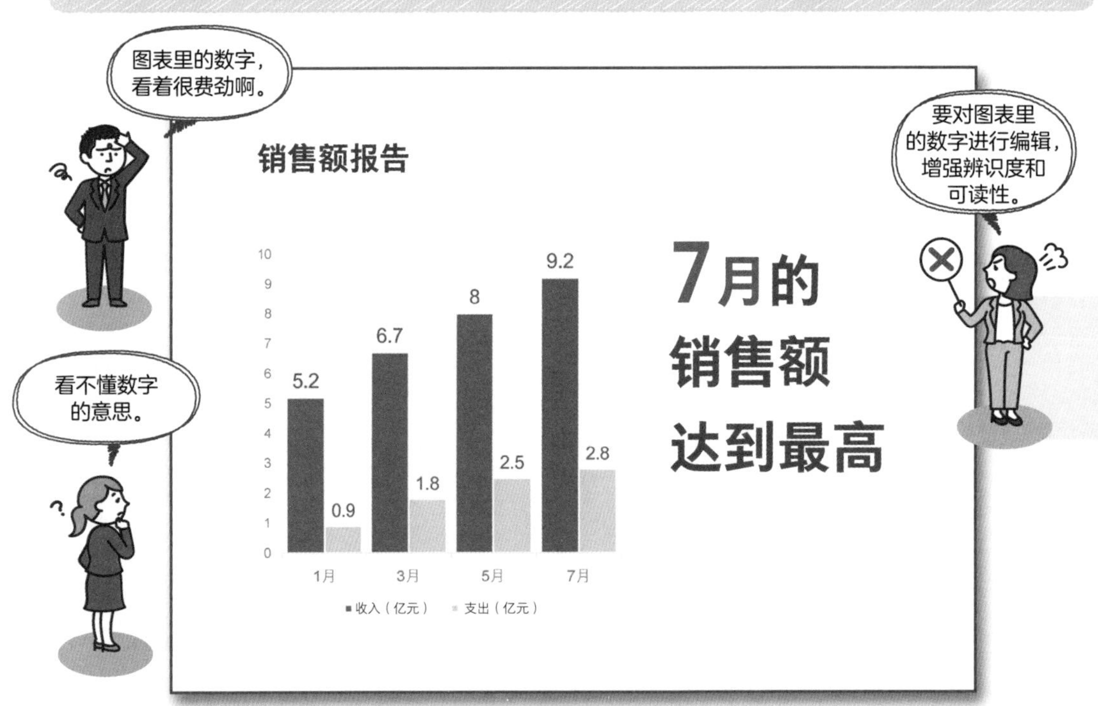

除了数字本身的单位，“星期”“日期”等单位也同理，可以强调“星期几”“几月几日”。而且，数字不要设置成日文字体，使用**西文字体**更加醒目。在图表中，也要尽量将单位放置在数字旁边。

数字大小若无差别，就无法突出重点

如果图表里的**数字大小**相同、柱状图的颜色也完全一样，就很难传达出数值的增减情况。要想在数值变化上体现出视觉冲击力，就要在字号调整及色彩使用上多下功夫。

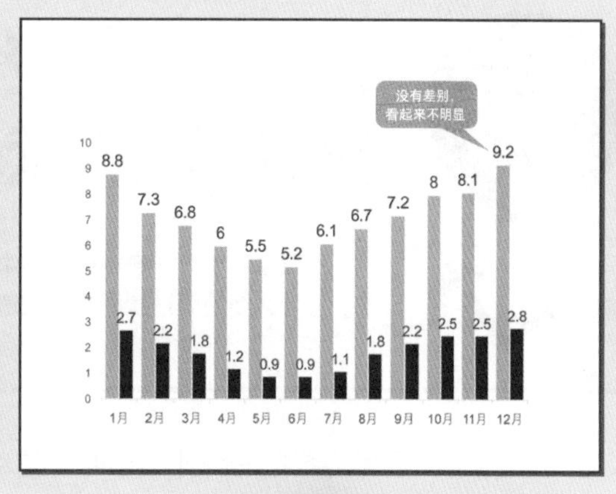

图表中的数据（数值）很多，需要差别化处理。

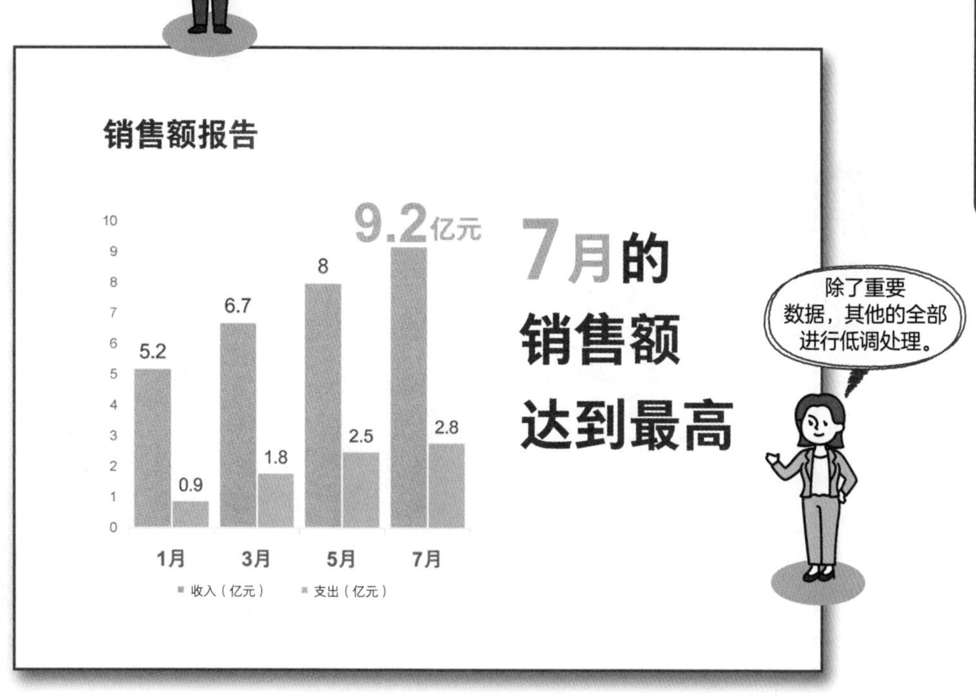

在图表中，将想要重点突出的数字设置成大号字体，或者添加特殊**色彩**，就可以在播放的瞬间给对方以巨大的视觉冲击感。为了让重点数字更加醒目，记得删除多余线条，并尽量简化背景。

08 做横向比较时宜选用柱状图

不仅是PPT，在各类报告书中也经常能看到图表的身影，其中最常见的要数柱状图了。为什么要使用柱状图呢？知道了原因，才能更加有效地加以利用。

在PPT中，要体现数据的统计结果时，使用柱状图的机会较多。原因就在于，它能够将收支这些我们经常处理的信息进行有效的显示。也就是说，柱状图在表示“**数量差**”这一方面具有无可替代的优势，它直观性强，展示效果好。

柱状图可以做数据比较

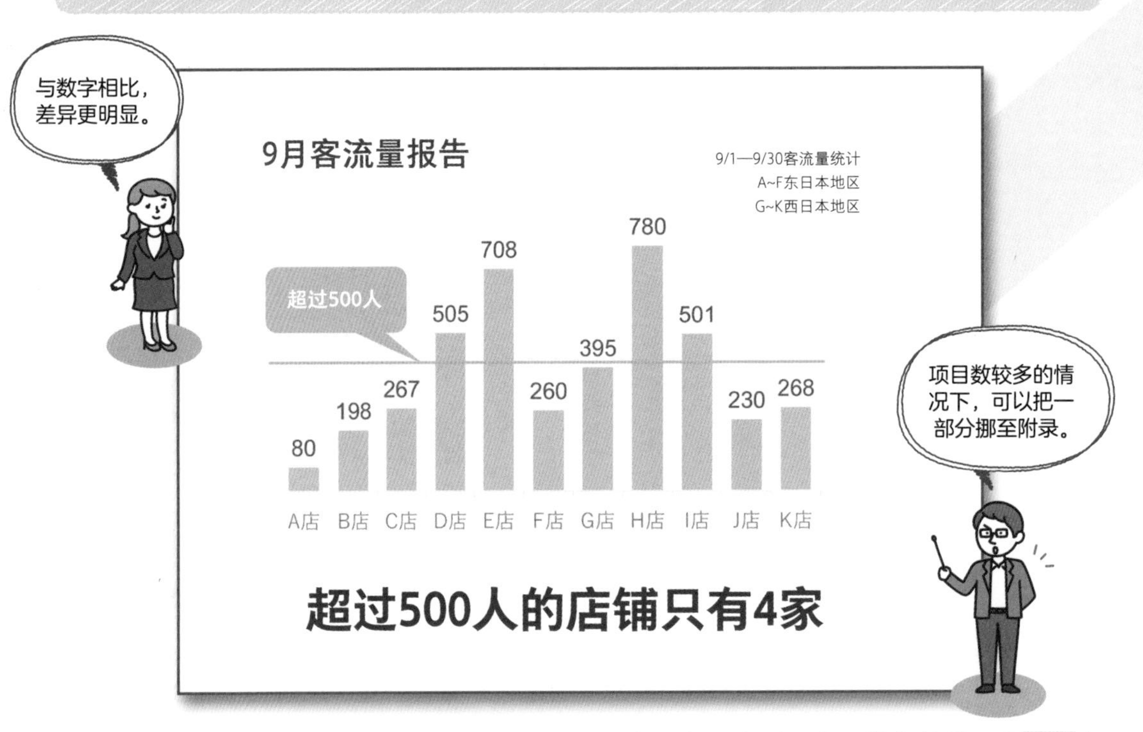

柱状图几乎很少单个出现，一般都是多个并列在一起。这是因为，横向并排，在**视觉**上更容易感受到“有多大的差异”。反过来说，如果要将各个公司、各个方案的差异明显地表现出来，柱状图就是最好的选择。

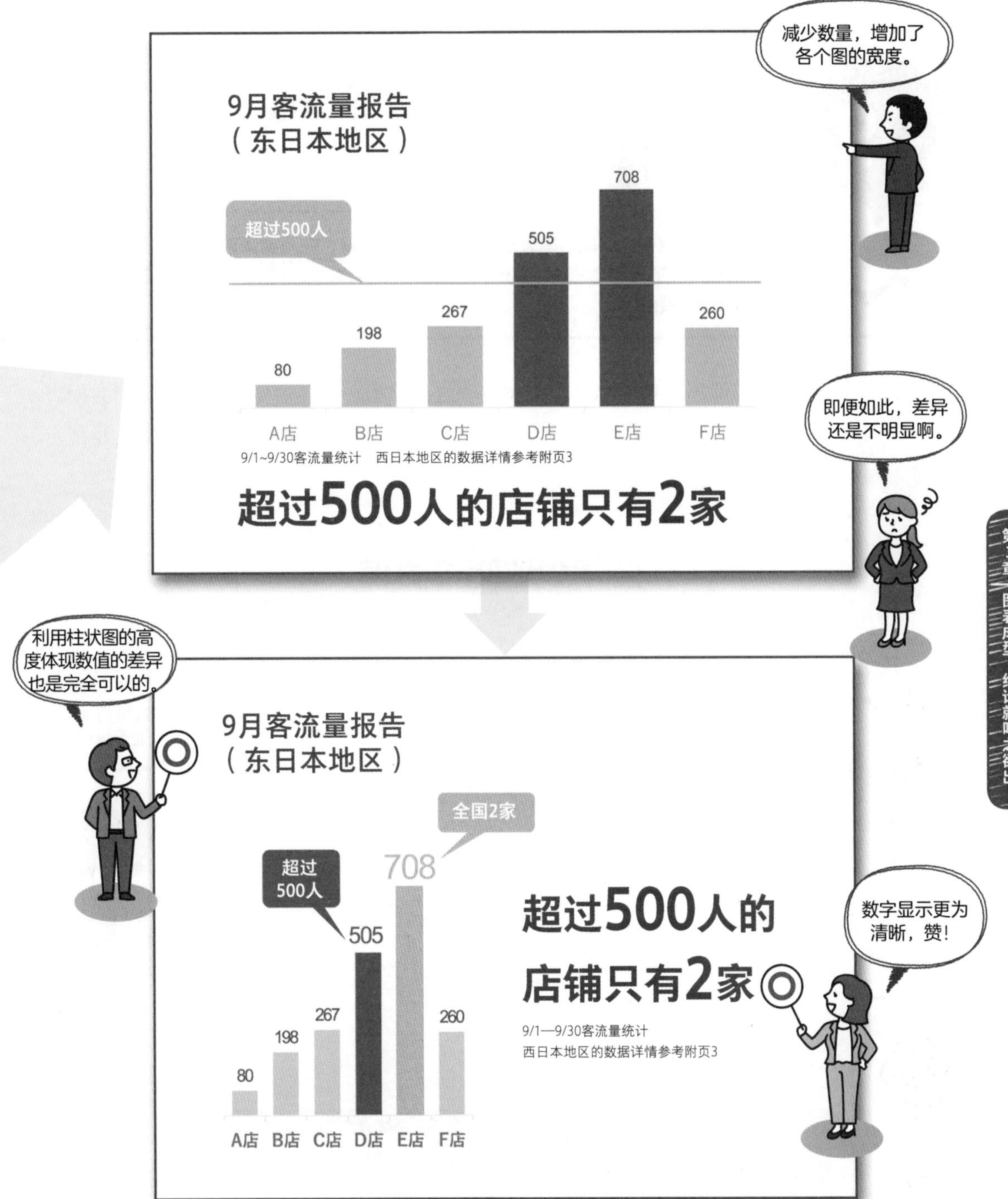

在资料中使用柱状图时，要对**项目数**进行削减，只保留必需的。项目名称越多，干扰的信息也就越多，会降低图表的可读性。项目数最多不超过5个，其他的如有需要，可以插入附录中，对主旨稍作说明即可。

项目名称过长时使用横向柱状图

使用柱状图，可以清晰表示出量的差别，但是，在问卷调查等涉及重要项目名称时，“纵向”的柱状图就颇有不便。这时可以选择横向柱状图，即使是较长的项目名称也能够完美展示。

在纵向柱状图中，如果**项目名称**过长，就必须进行缩略。有时会变更为图例，但会损害直观的视觉效果，因此要尽量避免。这时，使用能够展示较多**字数**的横向柱状图是非常方便的。

横向柱状图也很方便

哇，这么长的名字，看不懂。

项目名称太长就不易看懂

柱状图不必拘泥于纵向。

2019年人气犬种的调查

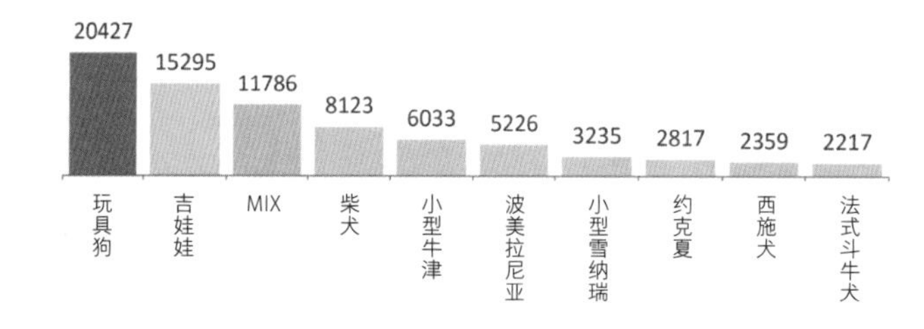

变成图例后也不明白。

纵向柱状图的话，不易捕捉项目间的变化情况

使用纵向柱状图，如果项目名称较长，就会出现文字倾斜或不易看懂的情况。在纵向柱状图中，由于项目名称也会占据空间，因此无法延长图中的柱子，就会出现难以分辨数值的情况。这种情况下，选择横向柱状图更为方便。

较长的项目名称换行处理后更易看懂

项目名称过长时，就要进行换行处理。选择“编辑数据”，在原始数据单元格中进行“字符串换行（Alt+Enter）”，这样图表中的项目名称也会被换行。

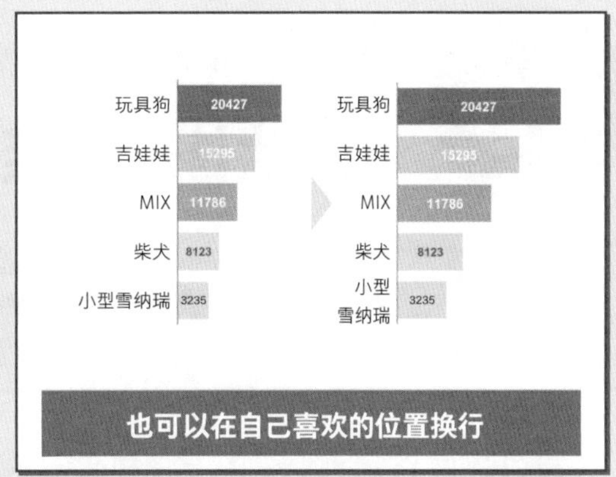

较长的项目名称可以用两行来显示，更易看懂。

使用横向柱状图，较长的项目名称也很容易看懂。

项目名称太长，就不易看懂

2019年人气犬种的调查

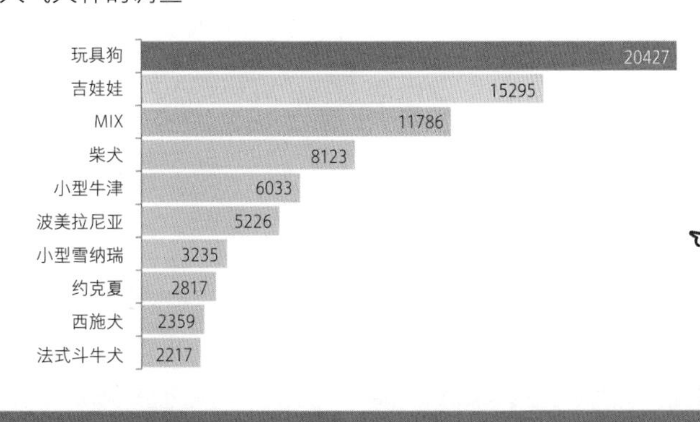

数据的差异也一目了然。

做成横向柱状图之后，项目名称和数据都一目了然了

需要注意的是，使用横向柱状图时，虽然可以插入较多文字，但也应让项目名称尽量简短。例如，问卷调查中的回答“因为……”之类的形式，最好进行缩略归纳。此外，将横向柱状图进行横向延伸，可以让数据的差异体现得更加清晰。

展示各部分比例时宜选用饼状图或堆叠图

柱状图除了可以表示“数量差”，有时也可以用来表示“比例”。这种表示比例的柱状图被称为“堆叠图”，它与表示比例时经常用到的饼状图有什么区别呢？

表示**比例**（%）的图表有饼状图和堆叠图。这两种图表的区别在于，堆叠图包括两种类型：一种是和饼状图一样，单纯表示比例；另一种是可以将比例和**实际数据**同时表示出来。

堆叠图大显身手的场景

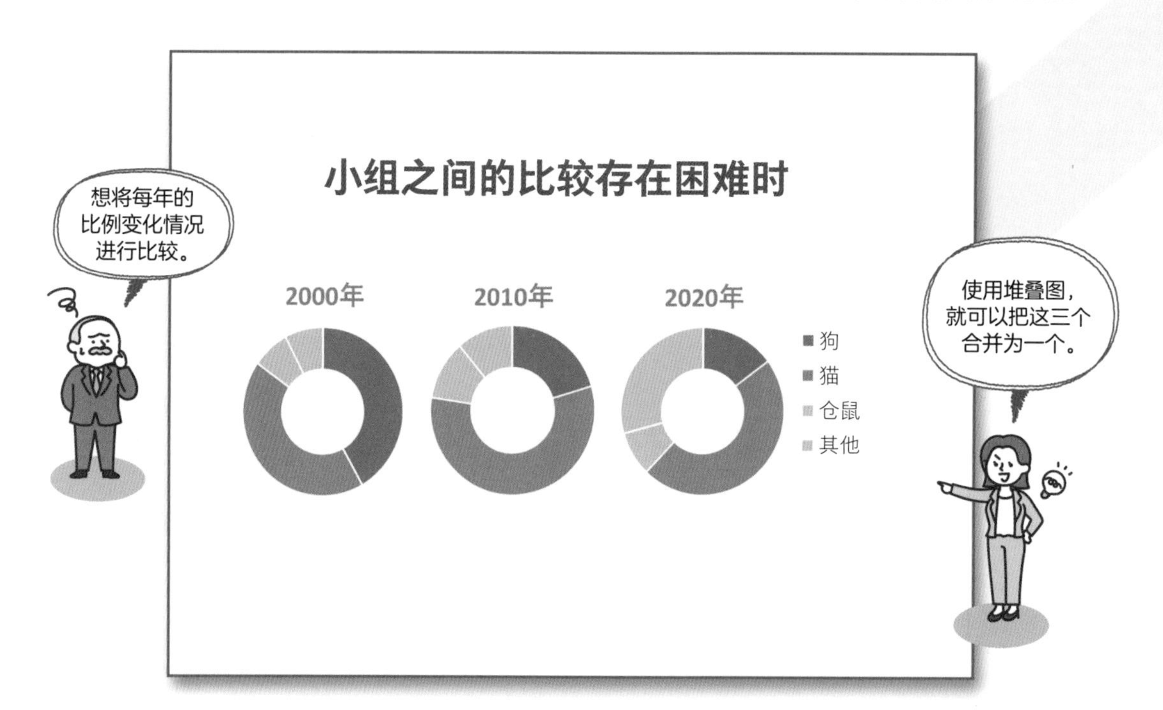

例如，像上图这样，只表示比例时，用饼状图就完全可以了。但是，饼状图并不适合进行多个小组的比较，这时最好选择堆叠图，能够将百分比按照不同项目，分别用不同色彩表示出来。只是，这种图表无法体现实际数据的差别。

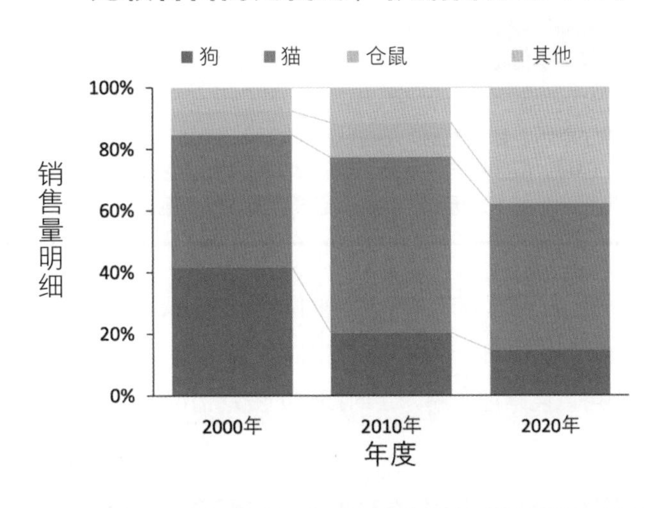

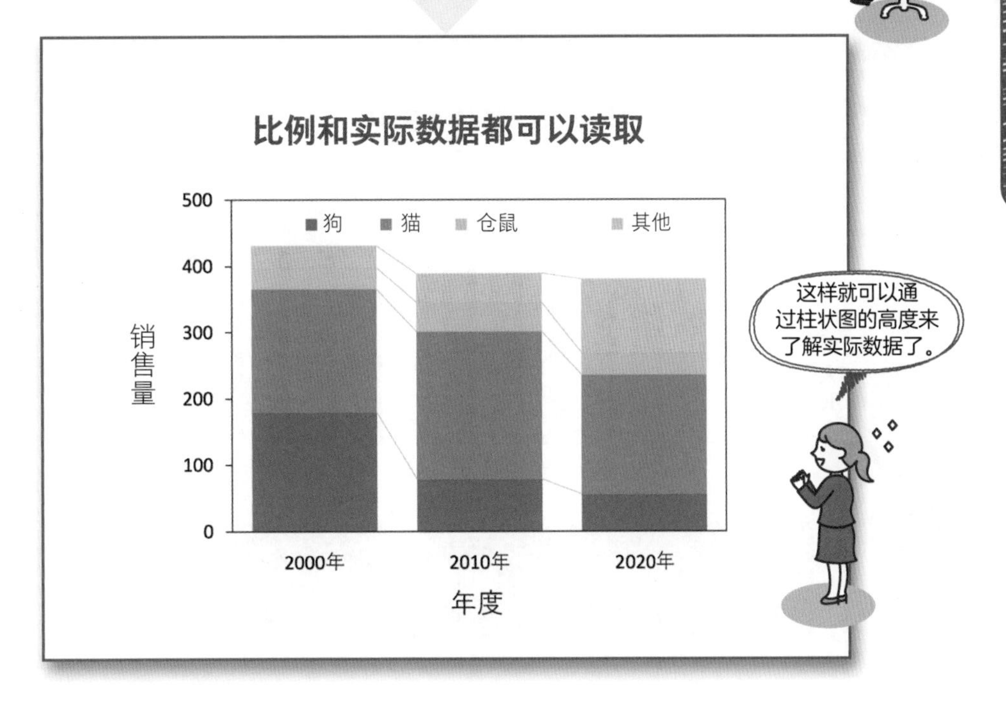

纵轴不设成百分比的话，实际数据也可以显示出来。需要注意的是，不要将实际数量相差太大的项目列出来。差别太大，柱状图的柱子就失去了把长的项目和短的项目并列起来的意义了。堆叠图在比较每月的推移变化等具体**明细**时非常方便。

展示变化趋势时宜选用折线图

除了表示“数量差别”的柱状图、表示“比例”的饼状图之外，经常用到的还有折线图。但是，折线图与柱状图和饼状图究竟要如何区别使用？能够准确回答出这个问题的人出乎意料的少。因此，我们有必要了解，折线图适用于什么样的场合。

折线图与柱状图一样，都可以表示某个项目的数量。但是，与柱状图明显不同的地方在于，折线图用线条将**数值**连接起来，这里面大有深意。那就是，将数值随时间变化的情况进行“可视化展示”，从中可以清晰地了解一定时期内的**变动**情况。

折线图最适合用来表示时间的推移

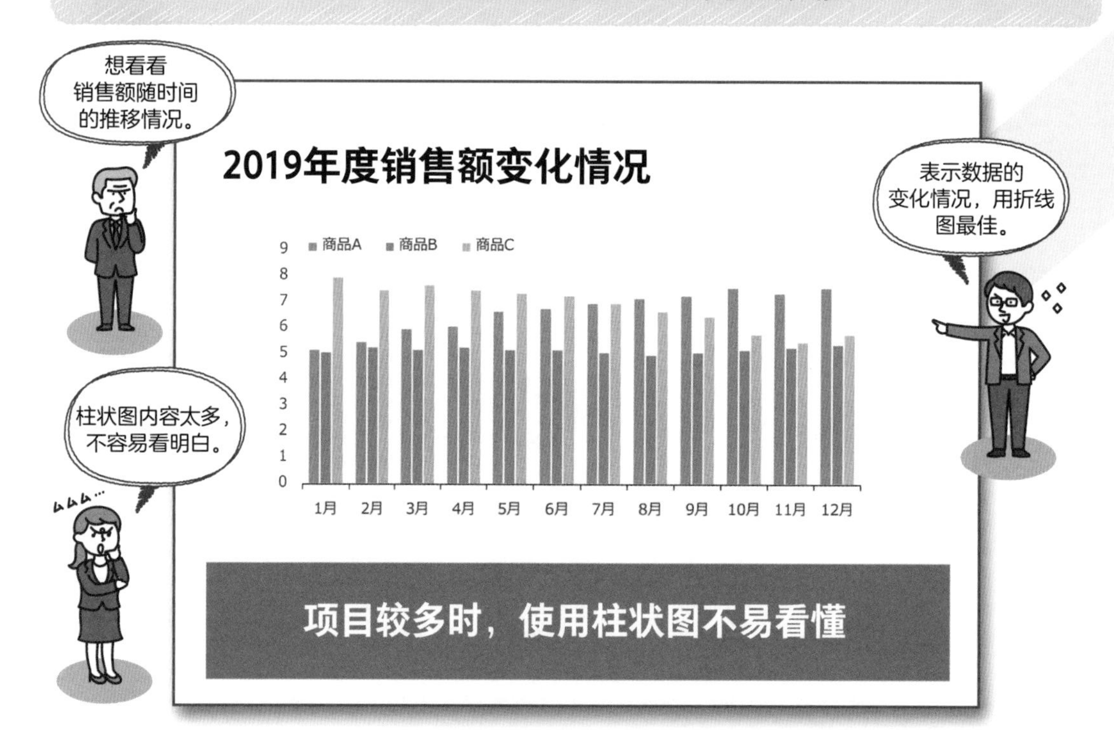

例如，想要体现每个月销售额的**推移**情况，如果作为统计对象的商品只有一种，使用柱状图就完全可以了。但是，要表示多个商品时，柱状图的柱子过多，就不容易看明白。这时，如果选用折线图，就能够将多种商品的变化情况清晰直观地表示出来。

不要让图表横向延伸过长。

2019年度销售额变化情况

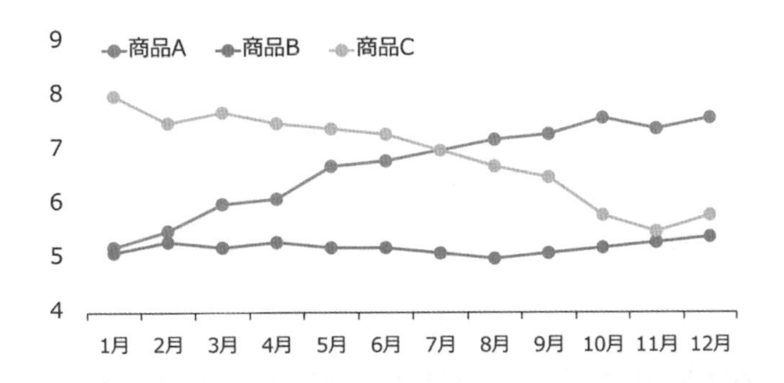

横向延伸太长的话，也会不容易看懂

横向缩短一些，就可以解决问题了。

数据变化情况一目了然。

2019年度销售额变化情况

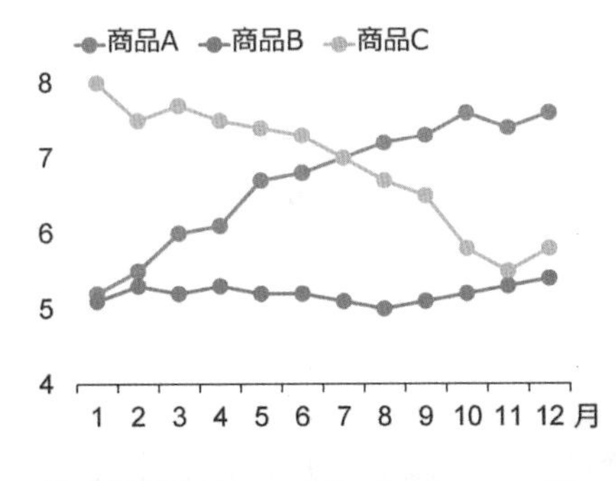

三种商品的数值变化情况也能一目了然

要将数据制作得易于读取

折线图在表现多个数据的变化情况时非常好用，但是一定要注意横轴的长度。如果横轴延伸过长，数据的变化情况就会变得不明显。使用折线图时，要缩短横轴的长度，做到张弛有度才是最佳。

展示关联性时宜选用散点图

散点图指的是在横轴和纵轴交叉的位置设置一个点来表示数据的图表类型。如果想要明确横轴和纵轴两者之间有什么关联，选用散点图是非常简明易懂的。

与柱状图、折线图和饼状图相比，**散点图**并不为大家所熟悉。它主要用于显示**关联性**数据的分布情况，例如各个店铺柜台面积与销售额之间的关系、儿童的身高与体重的关系等。

表示两个坐标轴之间的关联

表面上很难看出关联性！

要体现店铺规模与销售额之间的关系，就用散点图

店铺规模（座位数）	东京（销售额/万日元）	千叶（销售额/万日元）
65	778	94
150	454	212
250	782	388
275	656	462
300	612	284
300	678	368
400	756	474
500	765	905
500	854	743
550	550	942
800	678	872
800	776	981

店铺规模的效果存在地域差异

单纯的数字，看不太明白啊。

散点图能够将纵轴随横轴的不同而发生**变化**的情况展示出来，即横轴是“原因”，纵轴是“结果”。在PPT中，如果要对市场的目标设定或者某个事项的因果关系进行说明，可以使用散点图。

散点图重视数值的直观性

散点图的直观性很重要，因此不要给数值设置阴影或者添加鲜艳的色彩。坐标轴的数字如果直接使用日文字的话，会降低可读性，打开各个图表的格式设定选项进行更改。

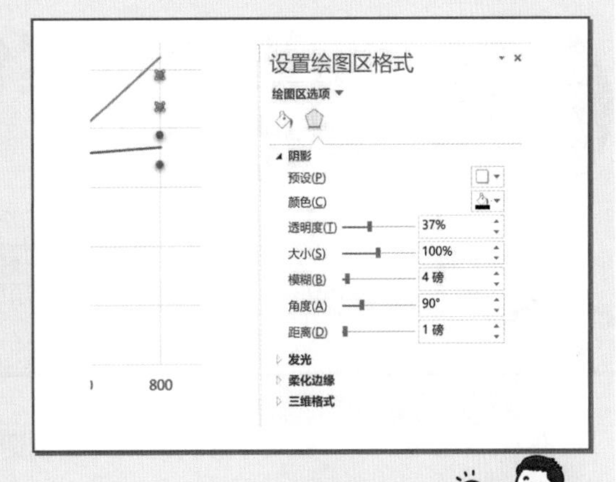

是否将数值阴影的色彩设置为“无”了？

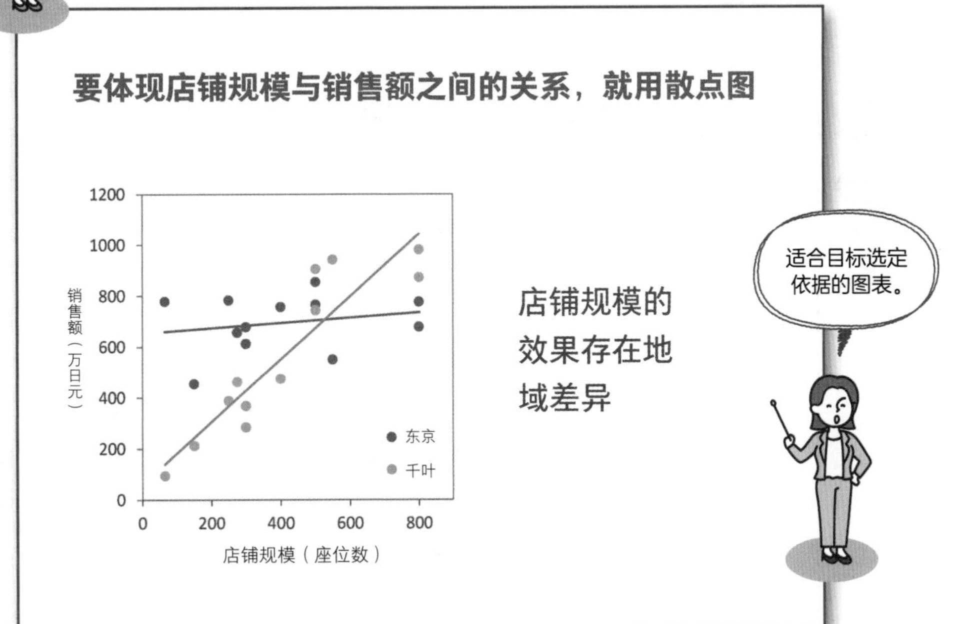

要体现两个因素间的关系，与其用数值和表格来表示，还不如使用散点图，数值散点分布，一目了然。在Excel中，可以将两个要素的关联性用简单的近似直线绘制出来。

13 明确展示定位时宜选用定位图

作为商业用语，定位的原义是指在市场上不同于竞争对手的特点。作为散点图之一的定位图，用于把握和体现各个项目之间的“扩展”和“统一”。

在对外的PPT中，必须要用到的就是**定位图**。这是因为，需要经常注意与发表对象存在竞争关系的公司在商品、服务等方面的差异。定位图必须将这种服务或商品与其他公司相比存在的**优势**明确地展示出来。

显示优越性

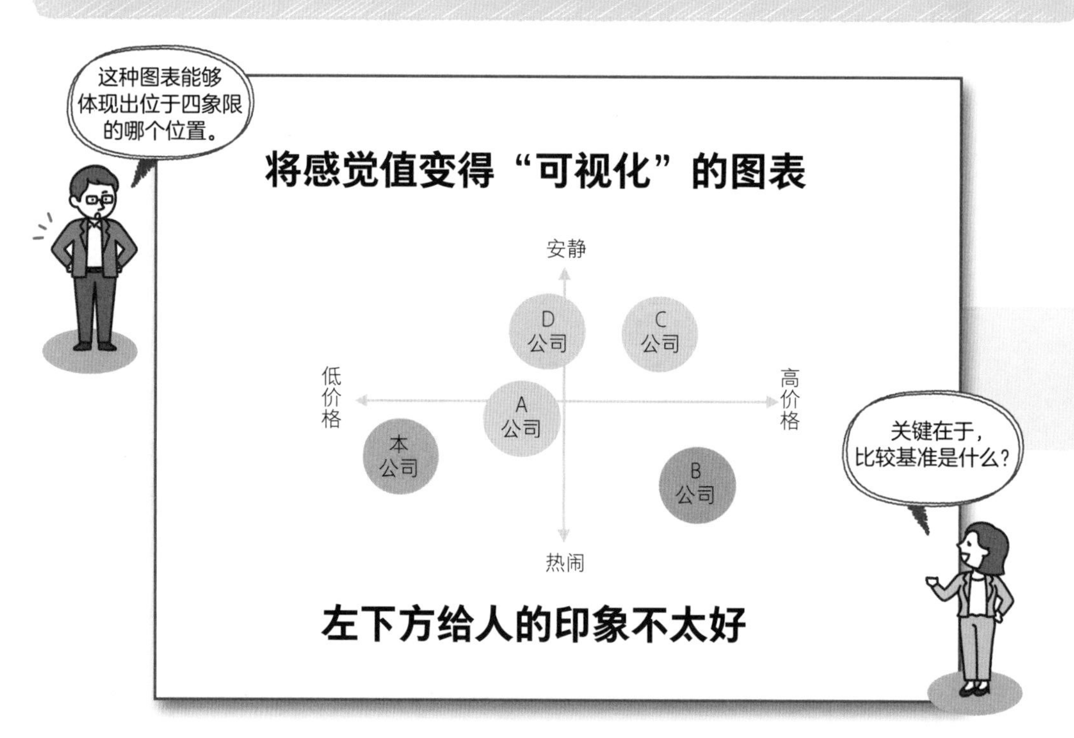

定位图使用四个象限来分别表示，要显示其优势，关键在于对横轴和纵轴的“比较基准”做出选择。确定**比较基准**时，一定要筛选出有利于体现优势结果的基准。

一定要将本公司放置在坐标轴的右上位置

把想要突出的点（本公司的服务和商品等）放置在坐标轴的左下方，这样的图表给人一种比其他公司差的印象，因此一定要在比较基准的**配置**上多加注意。时间序列也一定要按照从左到右的方向来体现。

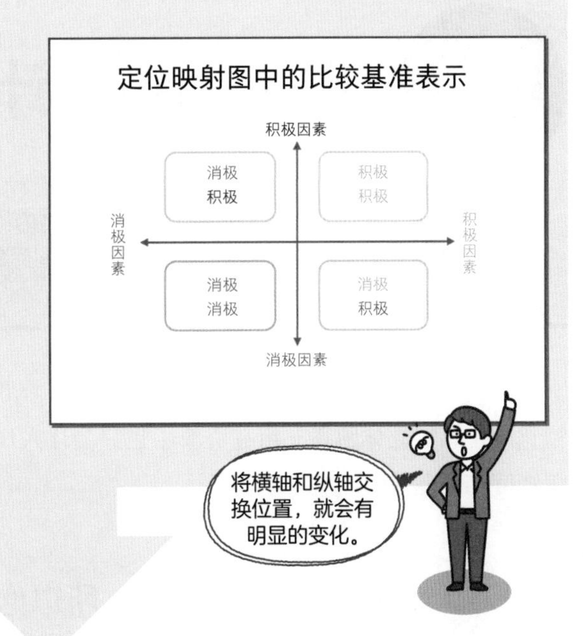

将感觉值变得“可视化”的图表

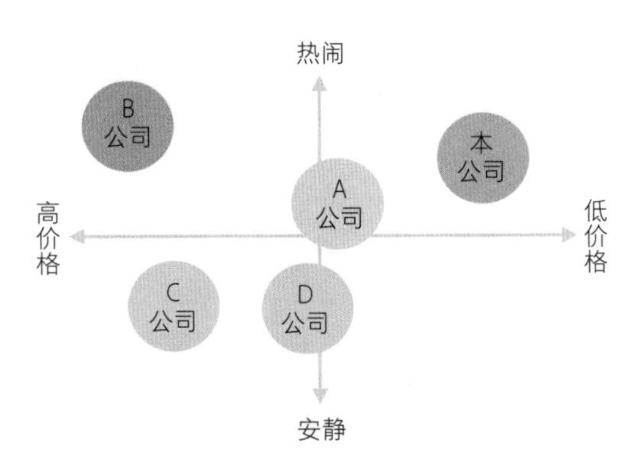

要将坐标轴设置成右上方占优势

放置在右上方，而不是左下方，能给人好的印象。

正如“右肩上升（不断上涨）”这个词所表示的那样，将想要突出的要素（本公司的服务和商品等）放置在坐标轴的右上方，会给人一种积极的印象。如果能用照片代替表示范围的圆形图案，就更能提高视觉上的宣传效果。

14 用 Excel 设计柱状图

使用Excel制作的图表中最多的就是柱状图，在PowerPoint中应用也非常广泛。需要注意的是，不要直接使用Excel标准输出的柱状图。正是因为经常使用，在这里需要牢记一些基本规则。

在Excel中，直接使用标准输出的柱状图，可视性较差，也不美观。而且，即使是充满视觉冲击感的**立体图表**，用在资料中也只会让人作呕。通过对图表进行简单加工，可以提高美观度和可视性。

正因为经常使用，所以必须掌握的基本原则

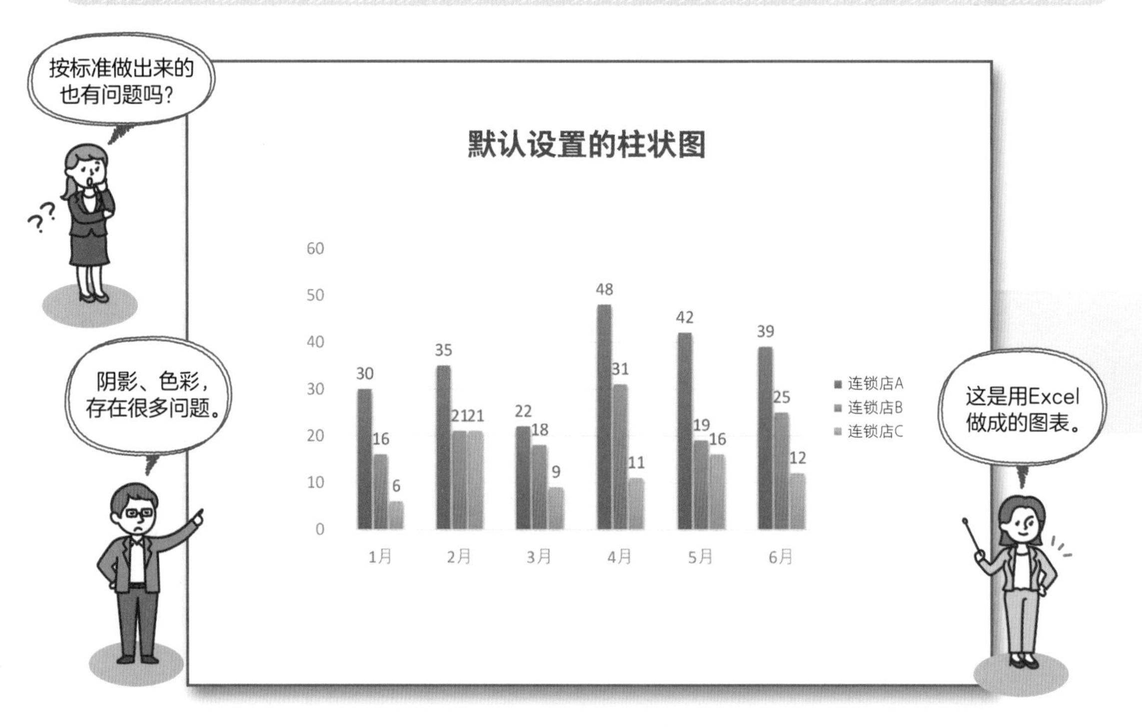

要解决柱状图存在的问题，点开“数据序列格式”，微软Office版本不同可能略有差异。修改时要注意“阴影和渐变”“柱粗细”“辅助线”“图例”“周围边框”等几个方面。

漂亮粘贴Excel图表的方法

为了避免页面设置和字符大小发生自动变化，请在“选择性粘贴”中选择“图（如果是扩展源文件/Mac则为pdf文件）”，只是，这种情况下的图表无法编辑。

去掉阴影和边线，看起来简洁清爽多了。

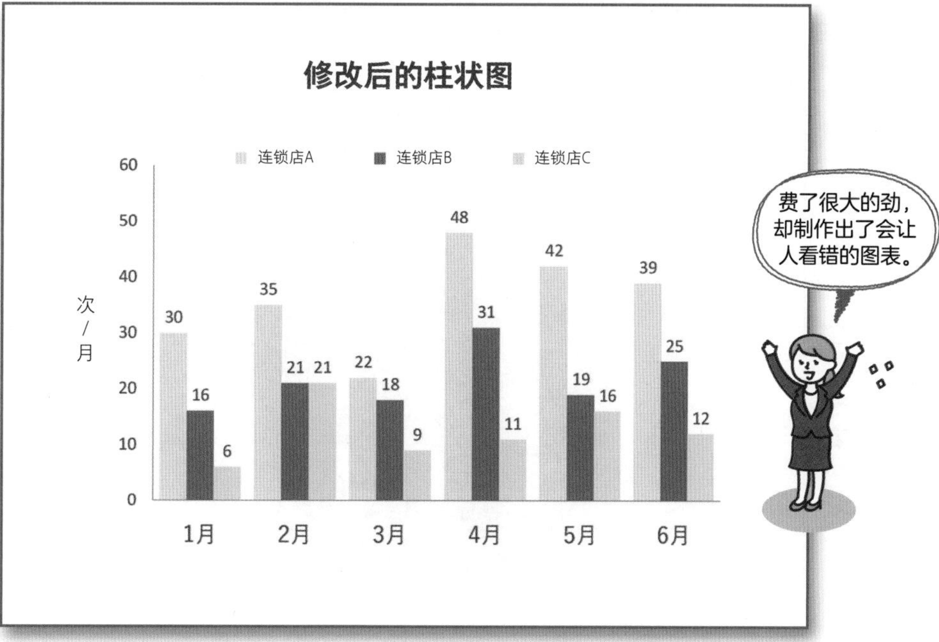

具体到每个项目的修改方法，如上述幻灯片所示，需要修改的**要点**有几个。上页的图表如果也处理了这些要点，就会变得如上图那般简洁清晰。改变图表颜色时，如果能将其调整为与资料基本色调一致的话，整体就能够产生出**统一感**。

15 用 Excel 设计饼状图

PowerPoint默认设置的饼状图乍一看既华丽又美观。但是，由于使用了过多的色彩和装饰，反倒削弱了数据这一关键要素的存在感，因此不推荐使用这样的饼状图。一定要对图表进行加工处理，使之与页面相适合。

默认设置下的饼状图，带有各式各样的装饰。但是，我们应该尽量去除诸如阴影、渐变、边线等多余的装饰。这样才能做成一个简洁易懂的图表。

如何使饼状图变得简洁

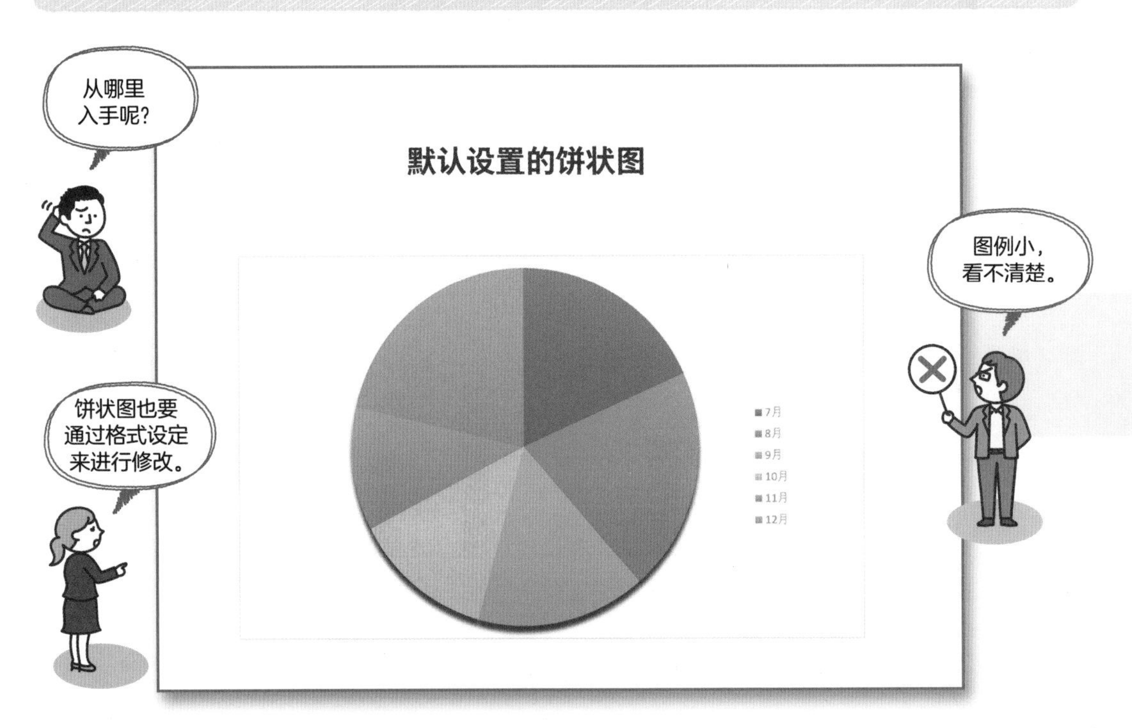

在饼状图中，如果将**图例**放置在图表之外，观看者就很难将项目名称和数据对应起来。正确的做法是，将图例放置在图表中，或者通过辅助线将其放置在图表附近。另外，切记只给重要数据添加醒目的色彩，以示强调。

表格中插入图例时，要与背景色形成反差

插入图例时，要选择与背景色**反差**较大的字体颜色。选用深色背景时，文字适宜选择白色，清晰可见。

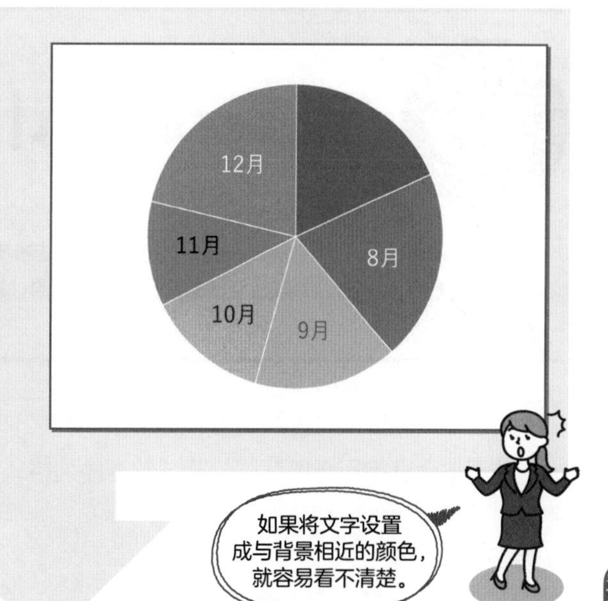

12月
11月
8月
10月
9月
如果将文字设置成与背景相近的颜色，就容易看不清楚。

色彩和字体都可以自行选择。

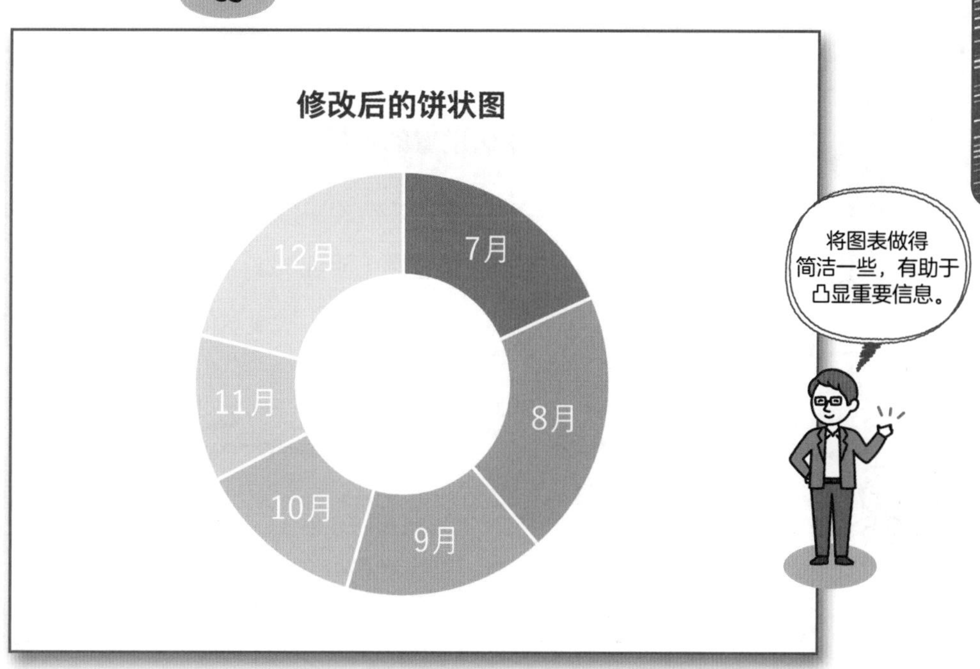

修改后的饼状图
7月
8月
9月
10月
11月
12月
将图表做得简洁一些，有助于凸显重要信息。

饼状图中，由于圆形的中间部分有多个颜色交织在一起，不易看清。这时候推荐使用**甜甜圈型**的饼状图。也可以在中央位置插入图表的名称。如果与周围颜色相近，不易区分的话，可以在边界处加上白色的边线，这样就一目了然了。

16 用 Excel 设计折线图

使用Excel制作折线图时的注意事项与其他图表相同，就是不要使用默认设置的图表。但是，与柱状图和饼状图不同，折线图还有几点额外需要注意的地方。

在Excel中制作的折线图也和穗形图一样装饰过多，默认设置的图表还带有阴影和渐变色，并不适合直接用于PPT。打开“数据序列格式”，进行手动更改。

简单易懂的折线图制作方法

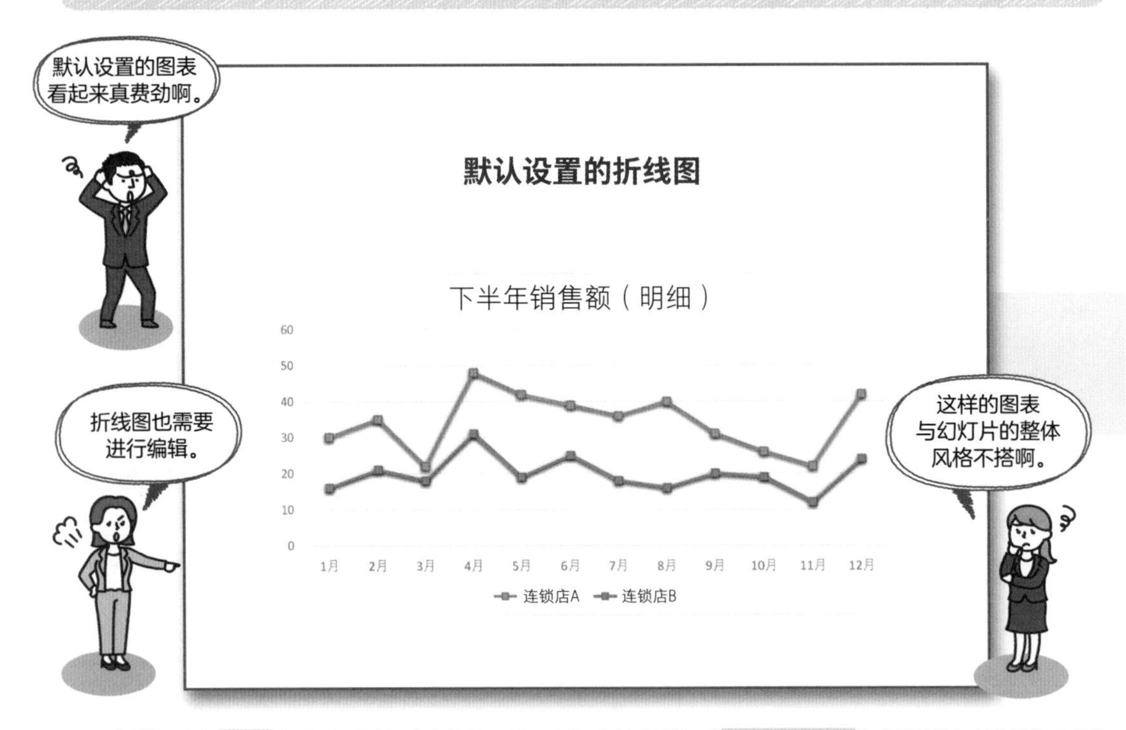

折线图在**绘图**上存在着诸多问题。除了修改边框的“**边线与填充**”“阴影与渐变”以及“形状”，还需注意，如有“轴线颜色过浅，辅助线不美观”“字体不够突出”“图例离得太远”等问题，也要进行修改和编辑。去掉图表的边线，同时不要忘了调整数字字号的大小。

任何图表都可以复制设计

制作多个同款设计的图表时，只需修改其中一个就完全可以了。复制该图表，然后对其他图表进行“选择性粘贴”，“格式”相同即可。

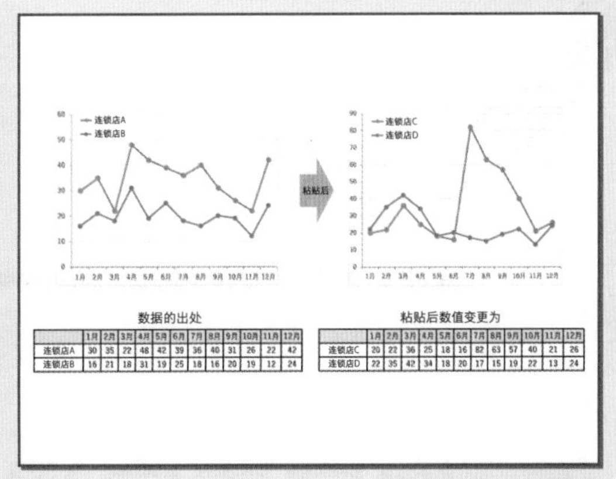

数据的出处

	1月	2月	3月	4月	5月	6月	7月	8月	9月	10月	11月	12月
连锁店A	30	35	22	48	42	39	36	40	31	26	22	42
连锁店B	16	21	18	31	19	25	18	16	20	19	12	24

粘贴后数值变更为

	1月	2月	3月	4月	5月	6月	7月	8月	9月	10月	11月	12月
连锁店C	20	22	36	25	18	16	82	63	57	40	21	26
连锁店D	22	35	42	34	18	20	17	15	19	22	13	24

与柱状图的操作相同，习惯之后可以很快地完成。

想要变更数值时，通过“数据编辑”就可以实现。

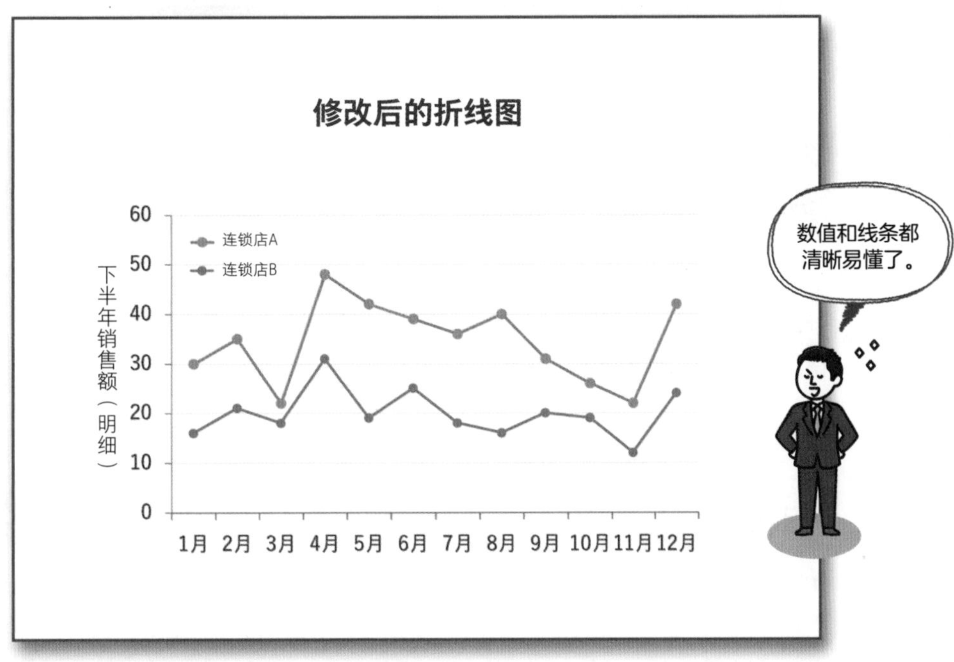

其实，PowerPoint中的图表也和Excel中的一样可以进行编辑。将Excel制作的图表直接复制并粘贴到PowerPoint中，数据可以同步粘过去，也可以对数据进行编辑。只是要注意，粘贴之后的图表格式可能会乱，需要手动调整。

专栏 03

你应该牢记的！PPT关键词

图表篇

关键词

渐变

渐变指的是用连续的灰度表现色彩深浅的一种图形设计手法。可以获得更好的视觉效果，也是PowerPoint中图形的标准功能，但在制作PPT时，往往作为过度的装饰而被诟病。

关键词

目标

作为商业用语，目标指的是以商品销售等为目的的购买阶层，在PPT中，它指的就是你想要说服的对象。在提案中，正确捕捉顾客的目标，进而提出对该阶层行之有效的对策，是非常重要的。

关键词

决策者

决策者指的是，对是否采用演讲者提案拥有最终决定权的人。他虽然未必亲临演讲现场，但在作出决定前一定会阅读相关资料，因此制作PPT时，一定要考虑对决策者产生的影响。

关键词

中和色

中和色指的是不使用色彩，只由黑和白构成的效果。由于中和色不够醒目，因此不易引起对方的注意。中和色最适合用于不想凸显的对象上。

关键词

色觉特性

色觉特性是眼睛的特性之一，指的是在色彩的识别上与一般人存在明显差异的特性，过去也被称为“色盲”“色弱”。全世界具有色觉特性的人大约有2.5亿人之多。

关键词

字体替换

字体替换指的是幻灯片中将某些特定字体替换为其他指定字体的功能。具体的方法是，在主页按钮中选择“字体替换”，选择指定字体进行替换。

关键词

对象选择

单击“shift”或“ctrl”键，同时单击多个对象。可以按着“tab”键的同时，单击与其他对象重叠的对象。

关键词

快速样式

快速样式指的是幻灯片中为标题以及小标题的字体、色彩、装饰效果等提前准备好的特殊格式。在不设置多个格式的情况下，可以从模板中选择，但装饰过多是一个缺陷。

关键词

图形效果

图形效果指的是可以在图形中添加的填充、阴影、模糊等效果。SmartArt功能中虽然预装了多个效果，但如果将多个效果重叠起来的话，会有过度装饰之嫌，因此最好避免。

关键词

图表的插入

图表的插入，指的是把用Excel制作的表格，或者从其他文献引用的图表插入幻灯片的操作。需要注意的是，如果删除源文件或改变了源文件的存储位置，幻灯片中就无法正常显示图表。

第4章

如何做出有视觉冲击感的设计？

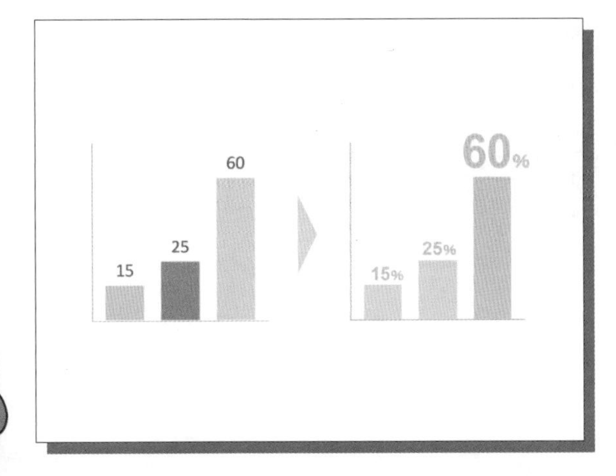

即使遵循了制作资料的基本原则，
如果缺乏感染力，就毫无意义。
既准确传达信息，又能产生视觉冲击力的方法，
一定要好好掌握。

重要素材使用同一种色彩

PPT必须实现的目的就是将信息准确地传递给对方。为了达到这个目的，引导观看者将注意力集中到一个点上是非常关键的。为此，与其给大量页面或者整个幻灯片使用色彩，还不如集中使用一种醒目的色彩，给人留下的印象会更为深刻。

如前所述，减少色彩的数量，是制作PPT的一个基本原则。为了给对方留下更加深刻的**印象**，可以使用的方法是，只给重要的素材选择一种颜色，并减少这种色彩在资料中的出现次数。只在必要时登场亮相，自然会给人一种“**特别**”的印象。

简单的色调中有一处显眼

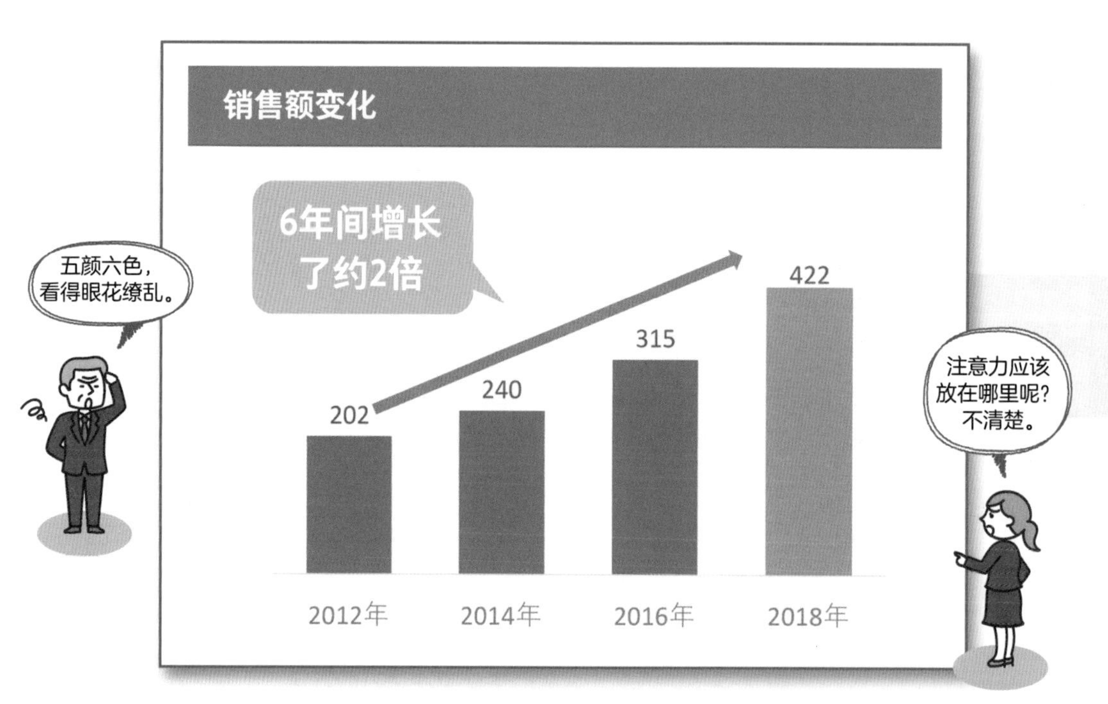

如果PPT中使用了明亮度相同的多种鲜艳色彩，观看的一方就很难了解哪里是重点。他们往往会不自觉地将注意力放在面积较大的颜色上，或者思考演讲者使用不同色彩的意义，而资料的具体内容就会被忽视掉。

避免使用默认颜色和既定颜色

PowerPoint的默认颜色饱和度过高，在使用时应选择饱和度比之略微低一些的色彩。此外，使用了既定颜色（图形中最先出现的蓝色）的资料会给人一种偷工减料的感觉，需要注意。

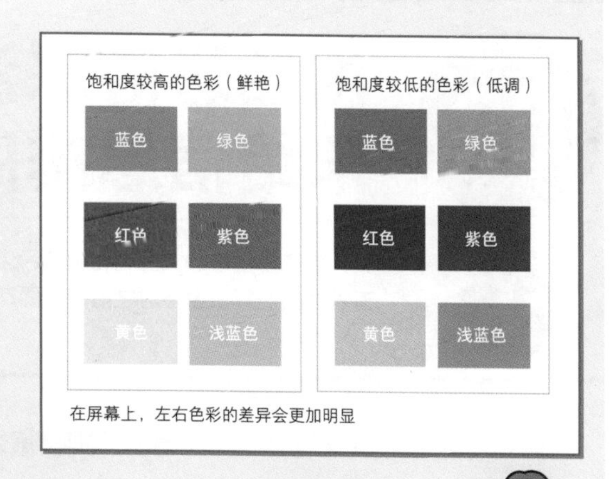

在屏幕上，左右色彩的差异会更加明显

过于鲜艳明亮的色彩会降低可读性。

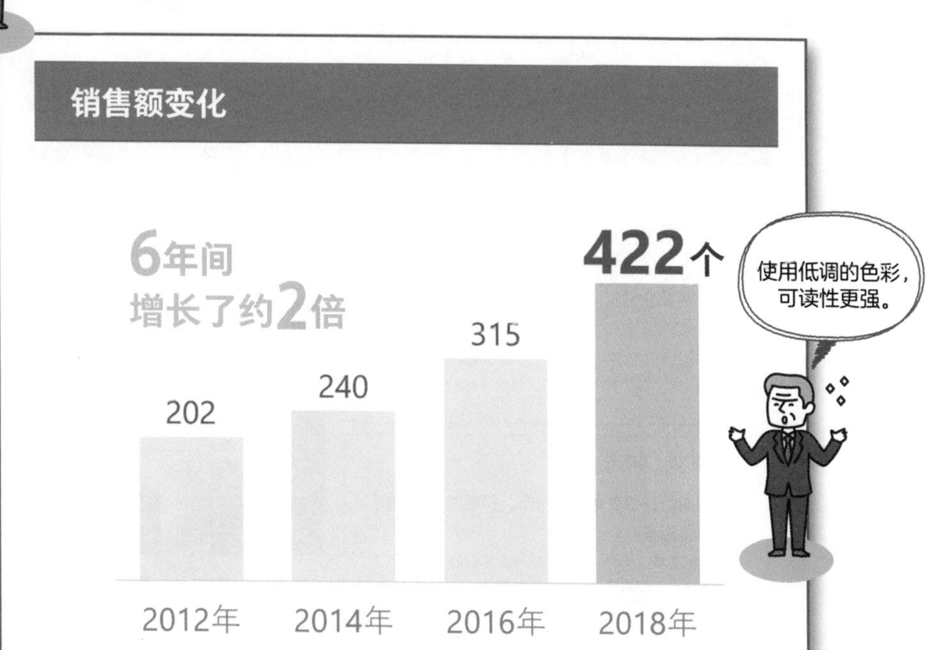

只给要突出强调的对象改变色彩，这样能让对方一眼就看明白重点在哪里。另外，如果对起补充作用的对话框进行色彩填充的话，会过于突出，过犹不及，因此要避免使用。切记，要对重点对象使用更加醒目的色彩。

用色彩的深浅来给信息排序

除作为基础的主色调和强调色之外，有时想通过增加色彩来体现差异，但是，单纯追求新的色彩，也会对之前的页面产生影响。因此有必要掌握色彩深浅的使用方法。

对信息进行分组整理时，有时想要体现出**层次**的差别，如果使用文本框或层差的话，会降低资料的可读性。其实，有一种方法可以使用，就是调整色彩的**深浅**，这样做幻灯片，不同信息也可以很好地表现出来。

通过色彩深浅来表现上下关系

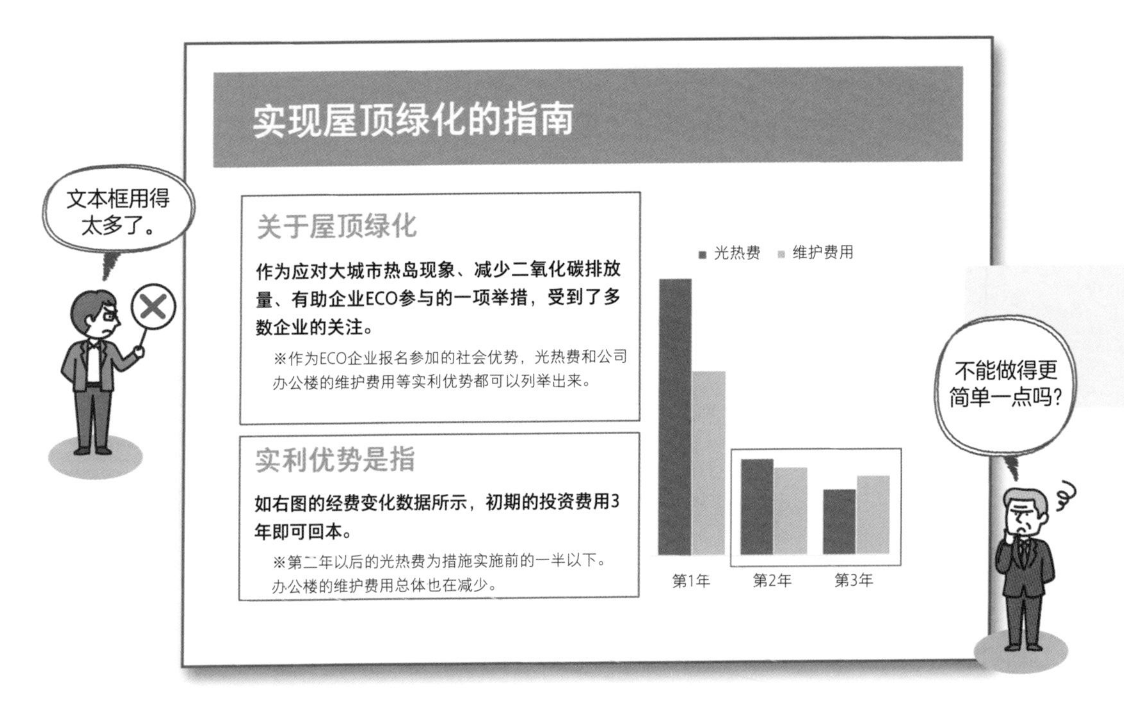

为了做出一份简洁易懂的资料，分组非常重要，关于这一点前面已经提到过了。但是，分组时如果使用了过多的文本框，反倒会降低资料的可读性，一定要注意。另外，通过缩进来体现文本的不同层次，这个方法也不建议使用。

灵活运用主题，成为具有统一感的资料

在选择文字颜色和图形颜色时，在PowerPoint中，“主题”会被显示出来，同一**色系**的颜色按照由浅及深纵向排列，使用这个就可以表现色彩的不同深浅。

通过颜色深浅可以清晰地体现出层次感。

实现屋顶绿化的指南

关于屋顶绿化

作为应对大城市热岛现象、减少二氧化碳排放量、有助企业ECO参与的一项举措，受到了多数企业的关注。

※作为ECO企业报名参加的社会优势，光热费和公司办公楼的维护费用等实利优势都可以列举出来。

实利优势是指

如右图的经费变化数据所示，初期的投资费用3年即可回本。

※第二年以后的光热费为措施实施前的一半以下。办公楼的维护费用总体也在减少。

如上所示，将关键信息以外的内容用浅色来表示，就可以对内容的重要程度有更直观的了解。而且，在同一个分组中，应使用同一个色系，将重点部分设置成最深的颜色，然后根据重要性依次调淡，从而减弱次要信息给人的印象。

背景要简单

为了美观而使用PowerPoint模板中的背景设计，是PPT初学者很容易犯的错误。看起来很花哨，但因为装饰过多，经常会给人一种与内容不搭的感觉。

“内容很简单，因此背景至少……”很多人会抱有这样的想法，想要在内容以外的方面增强美观性，而选择有华丽背景的“**主题**”，但结果往往以失败告终。这种做法实际上非常不方便，华丽的背景会给文字的辨识增加难度。

背景有时会干扰对内容的专注观看

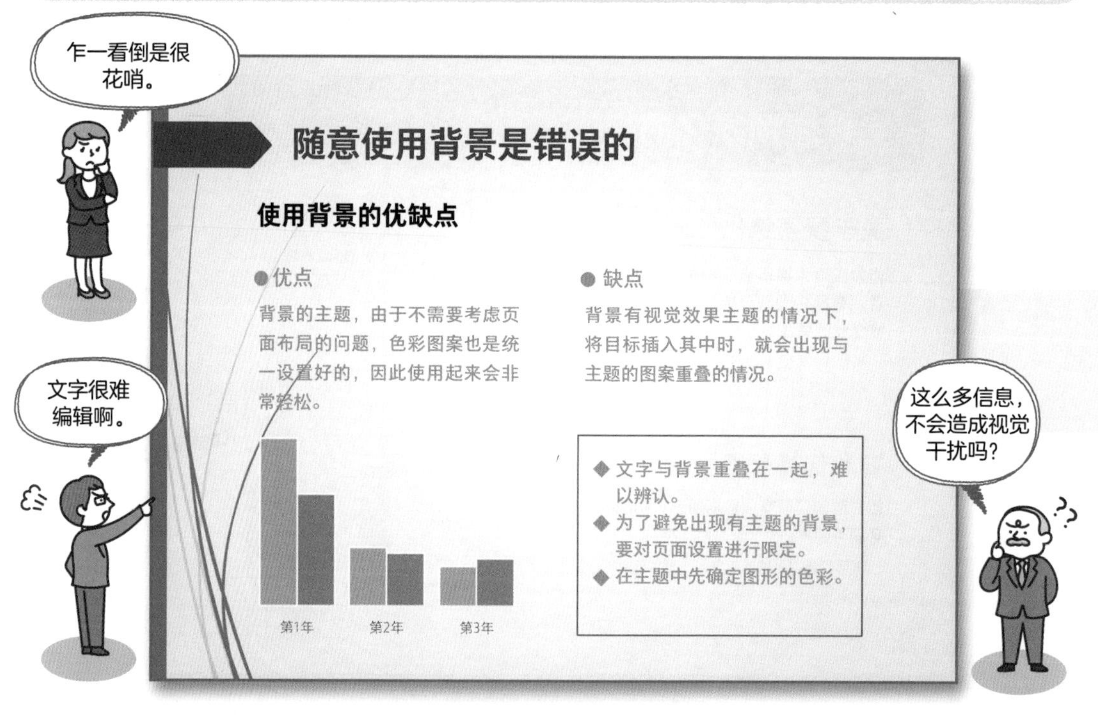

选择“**新建幻灯片**”，就会出现一个可以选择背景的窗口。虽然有各种各样的设计背景可供选择，但我们应该选择的是“新演示文稿”，文字和背景最好形成明显对比，这样才能增强内容的辨识度。一般来说，白色背景、黑色文字是最基本的样式。

每次打开时都会显示的主题列表如何进行删除

在文件菜单中打开“选项”的“简单操作”，去掉“启动该应用程序时显示开始画面”复选框前的勾选就可以了。

原来这个“显示”是有办法去掉的呀。

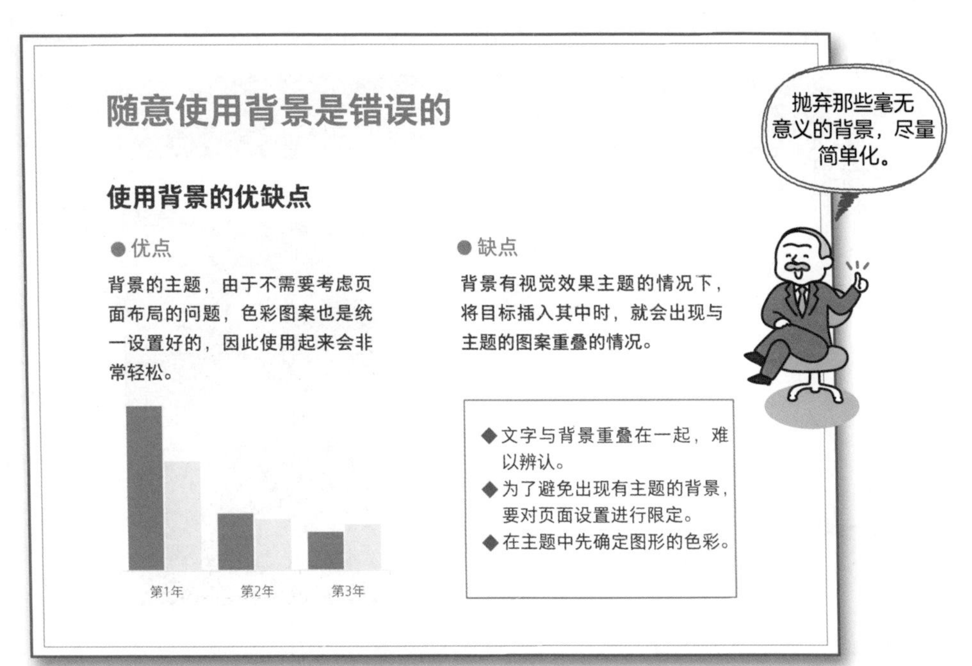

随意使用背景是错误的
使用背景的优缺点
●优点
背景的主题，由于不需要考虑页面布局的问题，色彩图案也是统一设置好的，因此使用起来会非常轻松。
●缺点
背景有视觉效果主题的情况下，将目标插入其中时，就会出现与主题的图案重叠的情况。
◆文字与背景重叠在一起，难以辨认。
◆为了避免出现有主题的背景，要对页面设置进行限定。
◆在主题中先确定图形的色彩。
第1年
第2年
第3年
抛弃那些毫无意义的背景，尽量简单化。

使用鲜艳的主题背景，还不如自己设计制作一个简单的幻灯片，这样给人留下的印象会更深刻。要尽量避免使用大家都知道的标准配置的主题。

照片设置成最大尺寸，可以增强冲击感

把握住演示的要点制作资料时，做出来的往往会是一份“条理清晰、成熟完整”的资料。但是，这样的东西很难给对方留下深刻的印象。要想做出一份既简明扼要、又能打动人心的资料，就需要借助照片和插图的视觉效果。

在使用照片和插图进行说明的页面上，重点图片要用大尺寸来进行展示和介绍。在幻灯片设计和色彩使用上如能遵循整体一致性原则，可以将大尺寸的图片放置在页面边缘使用。通过“将文字刊登在图片上”这一操作，就可以使文字铺满整张图片。

将主视觉图用最大尺寸显示，可显著提高关注度

上面的例子，虽然很好地遵循了色彩、余白、文字大小等增强资料可读性的基本原则，但在**冲击感**方面还有改善的空间。例如，虽然有关于图片的说明，但是图片本身的尺寸太小，没能充分发挥其作用。增加**主视觉图**的尺寸，可以将其一直延伸到页面边缘。

将文字载入图片的方法

图片中载入的文字，如果辨识度和可读性受到影响，那也是失败的。将文字设置成叠文字或给文字添加色彩，或者在图片上插入有色文本框，然后将添加了色彩的文字载入文本框中。使用以上方法，可以让文字更易辨识，有效增强可读性。

在PPT的页面中，如果要插入插图或照片，将其调整为大尺寸显示，会给人留下更加深刻的印象。如果是可以去除插图和背景的照片，就可以通过**删除背景**（参照145页），让观众的注意力仅集中到重点部分上。

制作流程图应意识到视线的移动

在PPT中，要表现某个过程或者体现时间的推移，经常会用到“流程图”。而且，它往往也会成为PPT中的关键信息，如果辨识度差、不易理解的话，就会给观看者增加负担，导致负面评价。

按照顺序对某个事物进行说明时，就可以使用**流程图**中的“箭头”来表现顺序。然而，即使存在箭头，如果箭头的指向与人的视线的自然移动方向不一致，就很容易产生违和感。人的目光是按照从上到下、自左向右的方向来移动的，因此，我们也要制作出一个能够**诱导**自然视线移动的流程图。

不要用箭头或数字强行诱导

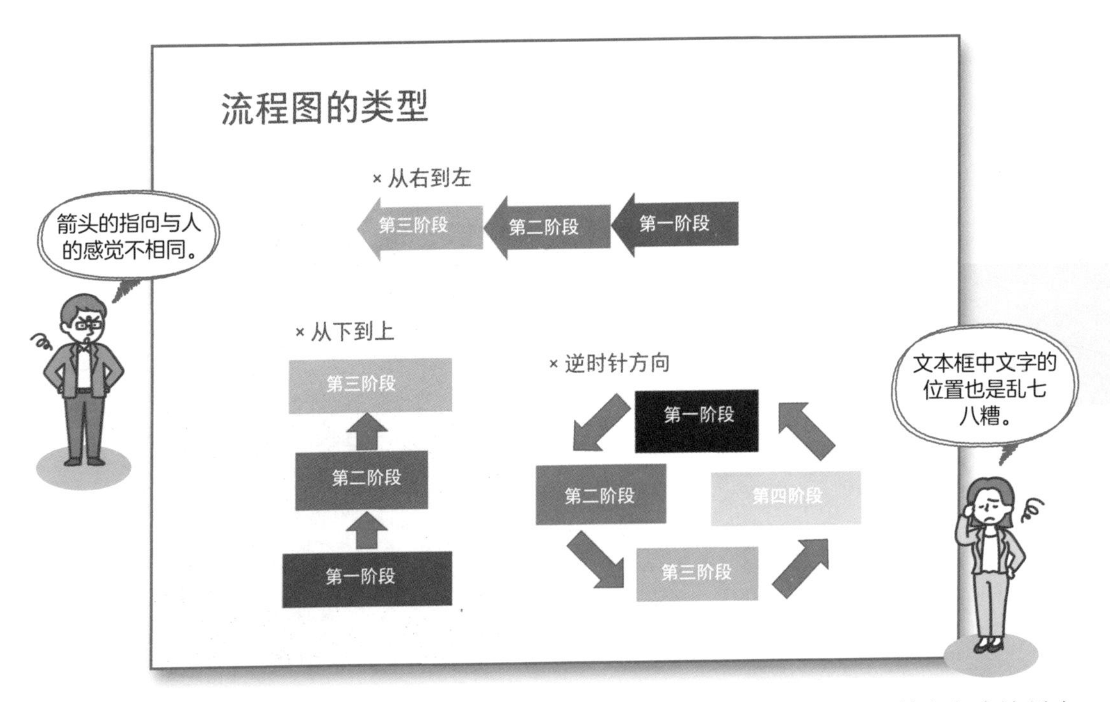

流程图中使用的箭头，归根结底是作为诱导视线移动的辅助手段，真正的主角应该是文本内容。设置箭头方向时，要注意将其与视线移动方向保持一致。另外，避免每页使用太大的箭头，以免增加不必要的醒目感。

带装饰的箭头不如直线箭头

在较短的距离内使用图形箭头，并不好看。这种情况下选择直线箭头是比较合适的。建议使用三角形也是可以的，只是，正三角形会出现指向不明确的情况。

流程图的箭头

× 带装饰的箭头

第一阶段
第二阶段
第三阶段
阶四

○普通箭头

第一阶段
第二阶段
第三阶段
第四阶段

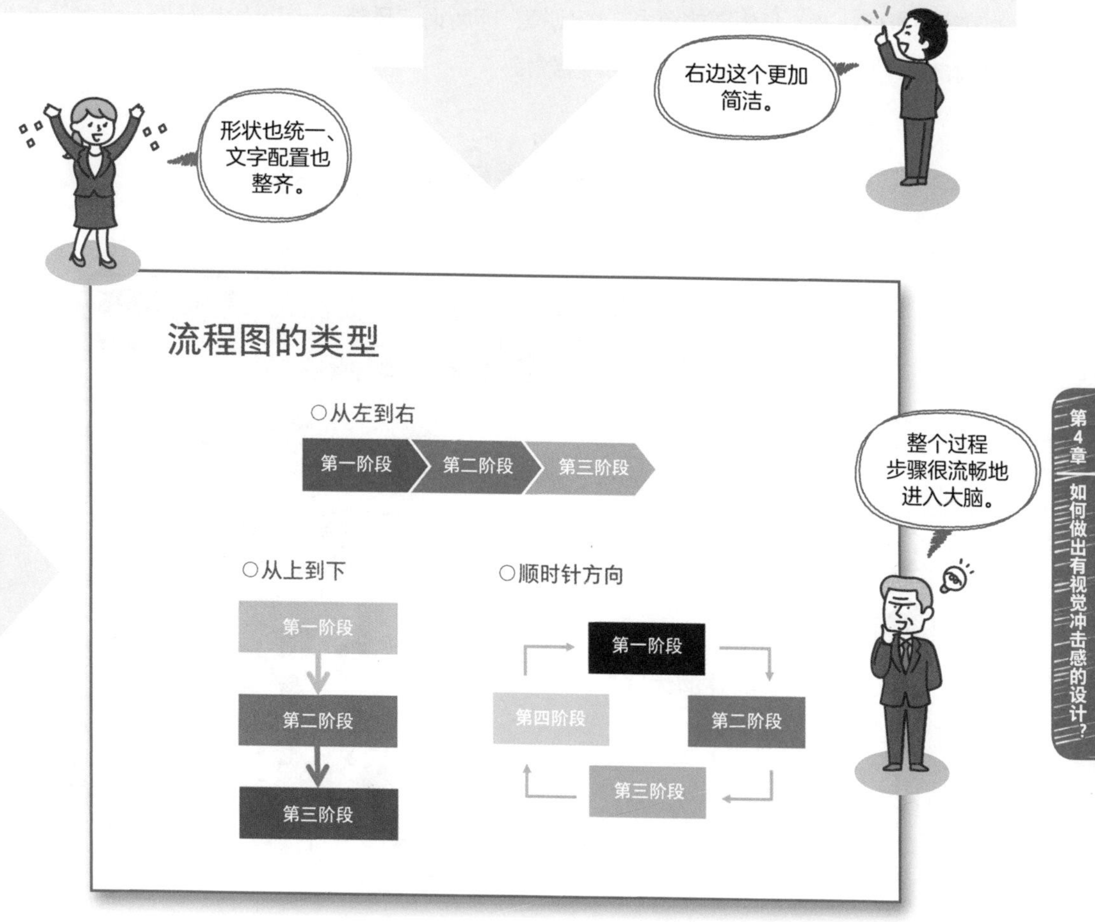

用流程图表示步骤时，要想方设法凸显主要观点。通过对色彩的巧妙运用，可以使效果成倍提升，例如对色彩设置不同深浅，或者将重点部分单独设置成不同的颜色等。

插图的风格要统一

满篇文字的PPT会很枯燥，使用插图是一种改善的手段。但是，我们并不一定总能找到理想的插图，这种情况下切记不要从各种地方随意获取图片。

想要制作一份简明易懂又有亲和力的资料，插入插图是很有效的做法。但是，使用多幅插图时一定要注意，每幅图的色彩、画风等，即所谓“**风格**”，如果大相径庭，就会产生很强的违和感，干扰观看者对资料内容的注意力。

插图一定要先用风格统一的

如上所示，与家庭相关的PPT中，加入家庭形象的插图是个好办法，但是插图的图案和色彩，即风格，如果不统一的话，就会产生**违和感**，让观看者无法将注意力集中到内容上。

在网络上搜索免费插图

PPT归根结底只是一份资料，没有必要花钱去购买插图。可以从右边的“插图屋”之类供用户免费使用的网站上**下载**。

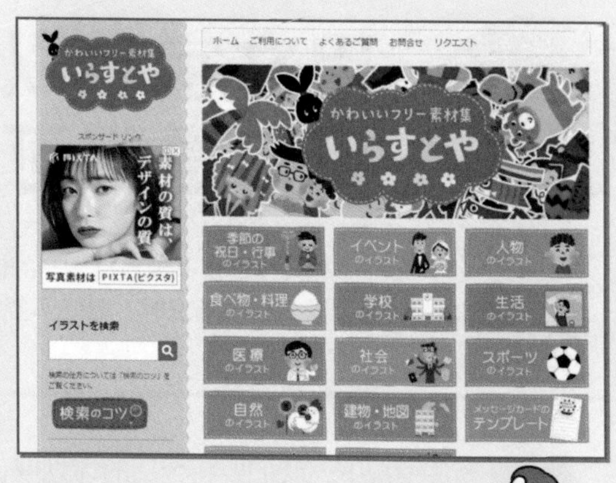

虽然是和前一页相同的内容，但使用了相同色彩的插图来进行上下比较。当然，对有关家庭和家人的插画风格也进行了调整，这样就不会产生违和感了，让观看者能够集中注意力阅读资料内容。

用文字难以解释的信息可以进行可视化设计

PPT中尽量不要囊括太多的信息，但有时，我们需要将大量信息同时呈现在页面上，遇到这种情况时，最好不要将大段的文字罗列出来，而应对信息进行“可视化”设计。

例如，有些情况下，我们要将今后的计划或者具体的数据展示出来，即使信息量很大，也必须将其归纳为一个整体来呈现。只是，这种情况下，一个一个分项列举的做法并不可取。为了让观看者能更加直观地理解资料内容，我们需要对信息进行“**可视化**”处理，让其更加简洁易懂。

日程不要罗列，做成日程表

像这种
整篇文字罗列，
实在是……

信息不能传
达，一切都
毫无意义。

20周年活动日程

7月21日—31日：确认活动计划
7月26日—31日：决定推出纪念品
8月1日—4日：商定会场
8月1日—5日：筹备纪念品，确定数量
8月1日—5日：确认宣传手册文案
8月10日—13日：确认会场布置，邮寄宣传手册和纪念品
8月15日：搬入纪念品，彩排
8月16日：活动当天

很难对日程
安排形成一个
整体的印象。

如上例所示，要将截至展览会当日为止的所有日程安排都显示出来的话，使用文字排列的方式，会让人不好理解。最好的做法是，使用大家司空见惯的日历或者日程表的形式。我们在制作PPT时，不仅要保证信息的准确性，更要在提高**理解度**上多下功夫。

如果是一个月内完成的计划，推荐使用月计划表

如果是一个月内完成的计划，推荐使用**月计划表**。因为这种形式大家都比较熟悉，所以能够很容易地读取星期几、工作持续时间等信息。

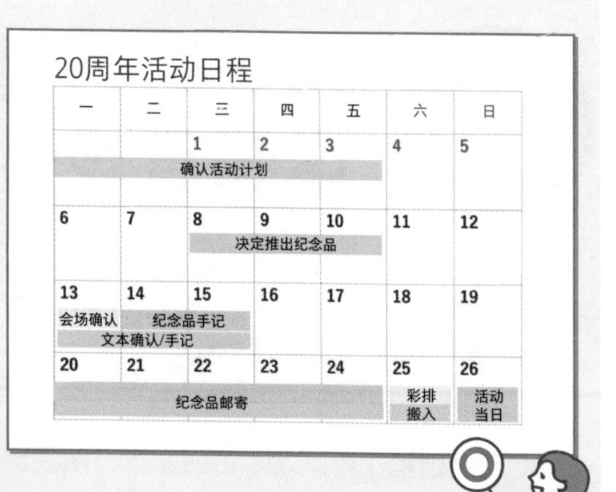

20周年活动日程

一	二	三	四	五	六	日
		1	2	3	4	5
确认活动计划						
6	7	8	9	10	11	12
		决定推出纪念品				
13	14	15	16	17	18	19
会场确认	纪念品手记					
文本确认/手记						
20	21	22	23	24	25	26
纪念品邮寄					彩排搬入	活动当日

一眼就能看明白流程。

20周年活动日程

7月						8月
20	22	24	26	28	30	2
确认活动计划						
			决定推出纪念品			手记
						文本确认
						会场确认
8月						
4	6	8	10	12	14	16
手记			交付、邮寄邮寄纪念品			搬入 活动当日
文本确认			交付、邮寄宣传手册			
会场确认						彩排

同时进行的工作也能够一目了然。

对信息进行“可视化”设计，可以减轻观看者的负担，对于深刻理解信息内容有很重要的意义。对信息进行可视化处理的方法有很多，除上述的日程表之外，还包括表示步骤的“流程图”，表示比例的“饼状图”以及进行数量比较的“柱状图”等。

用好对话框，增强直观性

PPT，往往需要在页面中插入各种各样的补充信息。有一种非常方便的做法，就是使用对话框。但是，滥用对话框，或者扭曲对话框，就会影响美观，适得其反，因此一定要多加注意。

使用**对话框**，可以对本页的文本、图表以及结论等提供有效的补充信息。但是，一定要注意**数量和形状**。如果页面上出现大量对话框，会给人一种乱七八糟的感觉。另外，使用已有的对话框时，如果对尺寸进行变更，就会导致对话框外侧的三角形变得不好看，从而影响整体的美观性。

用自制对话框，强调想要传递的信息

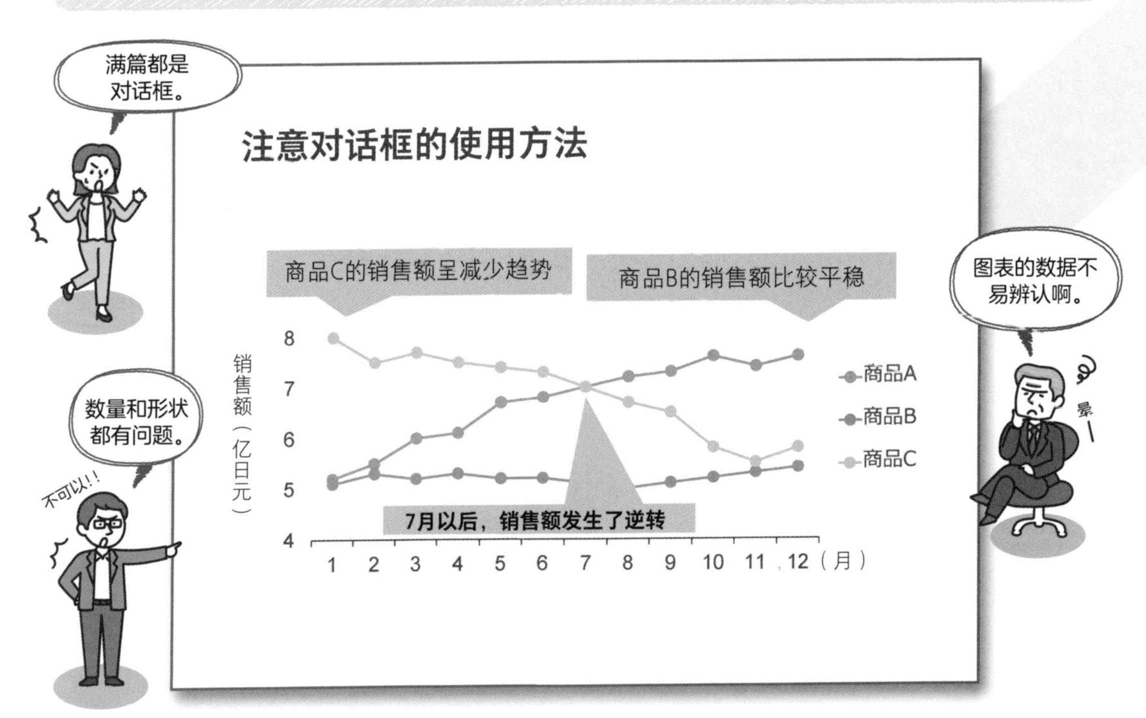

使用对话框时，有几个必须遵循的原则。首先，不能盖住文字和图表，这是最低要求。其次，需要注意对话框的数量，太多会影响信息的传递。最后，对话框的色彩和形状需要用心设计。

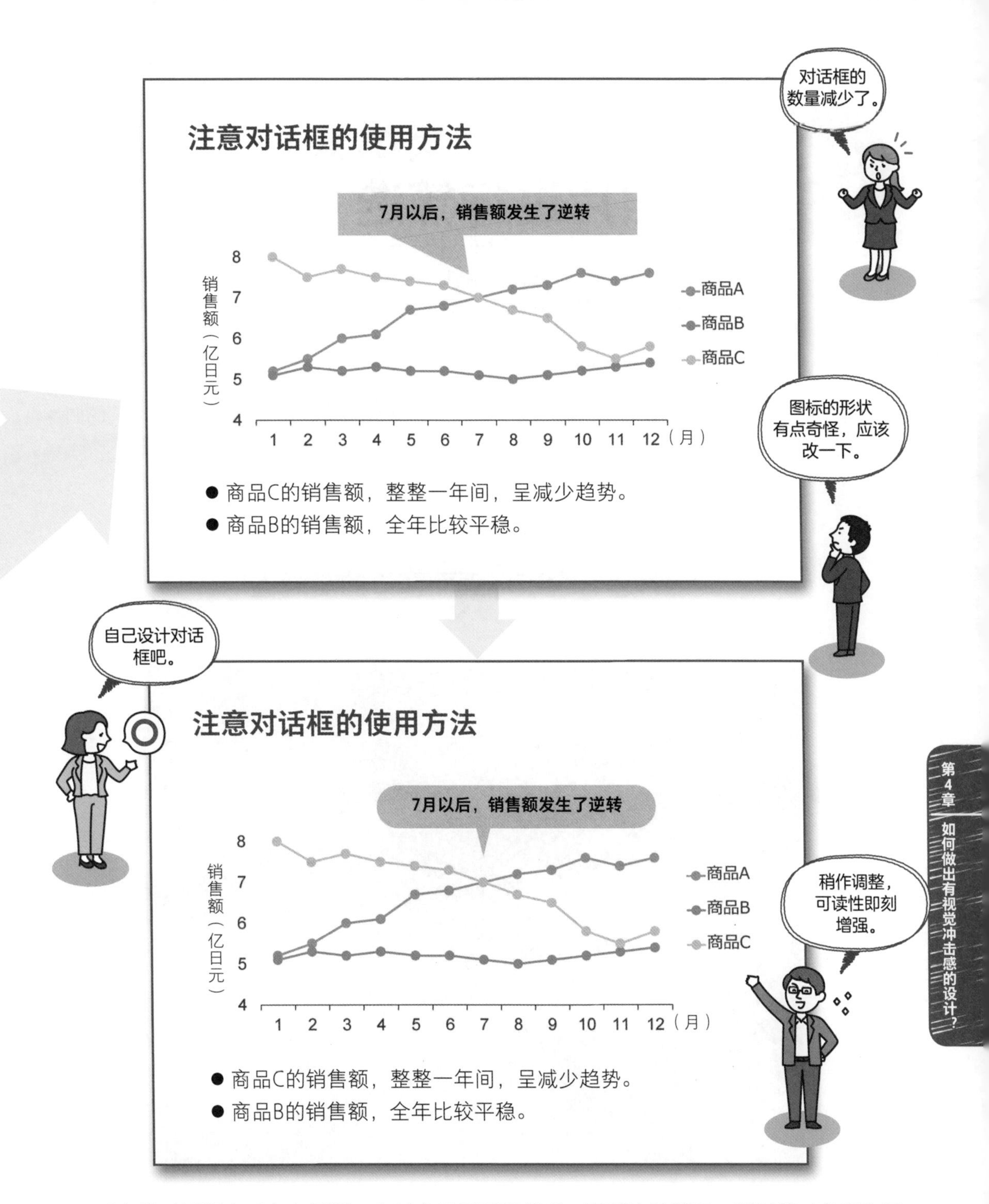

已有的对话框由于方向问题，有时会显得不够美观，遇到这种情况，可以将三角形和四边形**组合**使用。此时，最好不要直接在对话框中插入文字，提前设计好文字，再载入对话框的做法会更好。

09 如何对插入演示文稿的照片进行筛选

PPT不仅有文字，也需要用到照片和插图。但是，一定要注意，照片和插图不可放大过度，否则会变得模糊不清，一定要准备好大尺寸的图片。

在PPT中，作为主视觉图插入的图片，一定要注意分辨率的问题。这与上面提到的照片的尺寸有关，将照片放大显示时，注意不要拉伸过度，否则会导致照片变得模糊难辨。

照片差，会破坏页面整体的美观性

在PPT中，要将图片大尺寸显示，这一点是正确的，但需注意，不要将小照片勉强放大。虽然不同情况下会略有差异，但一般来说，应准备长边在1000**像素**以上的照片来使用。

查看像素大小的简便方法

在Windows系统中查看像素时，鼠标对准照片，单击右键，选择“属性”，然后点击“详细”标签，在“图像”一栏中就可以看到像素的数据。

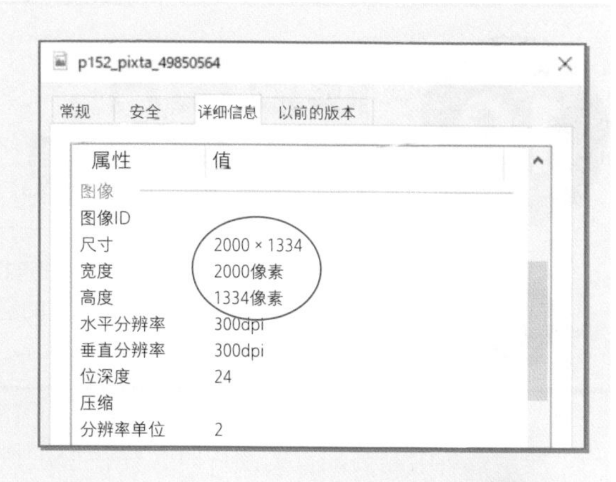

漂亮的照片会让人心情舒畅、印象深刻。

照片的大小用像素表示了出来。

使用了大幅照片的幻灯片中，如果照片的分辨率不够，不仅会影响资料的展示效果，也会破坏提案本身的印象。要选择与重点信息内容一致、美观清晰的照片。

修改图片，使之更美观

如果不是特意拍摄的话，很难找到与PPT内容完全相符的图片。因此，就需要对图片进行“编辑”，使之满足我们的需要。为了让图片更加接近想象中的模样，我们需要记住以下列举的编辑方法。

搜索资料中需要配置的图片时，往往很难找到理想的素材。如果使用差强人意的图片，反而会更加辛苦。其中最常见的烦恼就是“这张图片看起来很碍事”，遇到这种情况，可以通过**修图**功能中**裁剪**的方法来顺利解决问题。

标准的修图功能基本够用

可以用裁剪来进行压缩。

有一些多余的部分。

关于戱鸟画山公园的樱花节

染井吉野的寿命约为80年

戱鸟画山公园的樱花大约种植于70年前

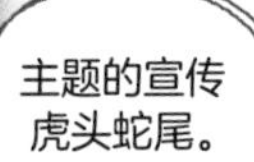

PowerPoint中有剪切功能，可以对图片进行截取，只保留需要的部分。方法非常简单，双击需要编辑的图片，在“图片格式”中选择“裁剪”按钮，移动各边的黑线，选择想要保留的区域，然后将鼠标挪至图像外，单击即可完成。

裁剪

关于戲鸟画山公园的樱花节

染井吉野的寿命

约为80年

戲鸟画山公园的

樱花大约种植于

70年前

除此之外，还有删除背景的功能。同样地，先双击图片，在选择图像的状态下选择“**删除背景**”。因为被删除的部分会显示为紫色，所以选择需要的范围，点击“保留更改”，就能够完美地删除背景。

11 使用背景照片的注意事项

在PPT中，照片的效果是其他要素无法匹敌的，尤其是想要体现出视觉冲击感，而插入照片时，需要特别注意。如果因为照片的原因导致内容难以理解，或者信息无法传达，那就是本末倒置了。

一般来说，作为背景插入的照片，只局限于事先准备好的、容易插入的照片。而那些过于繁杂或者不易载入文字的照片，从理论上来说，虽然可以**设法**进行一些加工设计，但从本质上来看，这类照片的可读性较差。因此，我们需要掌握一些应用性的设计知识。

在背景中插入图片的要点

适合做背景的图片，需要具备文字载入的条件，具体来说，一是色彩简单不复杂，二是有足够干净的空间可供文字载入。另外，如果没有特别的需要，照片尺寸不宜太大，否则会使文字的配置变得困难。

将照片应用于资料背景时，
需要注意什么

将小字的底色
设置为纯色。

例如，这种尺寸的文字，有时也会很难
识别。

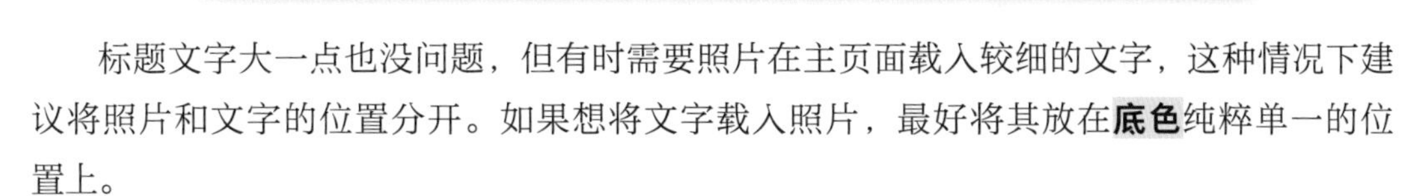

标题文字大一点也没问题，但有时需要照片在主页面载入较细的文字，这种情况下建议将照片和文字的位置分开。如果想将文字载入照片，最好将其放在**底色**纯粹单一的位置上。

让照片为版面设计加分

俗语说，“百闻不如一见”，如果能找到与内容完美匹配的照片，就一定要将其插入资料中，最大限度地发挥作用。然而，再完美的照片，也需要在与文字的配置问题上多加注意。

为了强调视觉**冲击感**，而使用大尺寸的图片，这种情况下，将想要传递的信息和照片的**构图**结合起来进行配置，就成为关键。如果照片的构图和使用不能很好地结合，就会白白浪费了照片，无法充分体现其优势。

结合照片的构图来进行配置

乍一看貌似还不错。

搞活地区产业的举措①

相遇绝景

伫立在大平原上的

白色灯塔

在壮观的景色中，有她美丽的身姿。
灯塔的身影就是一面“照片墙”。
是的，没错。向年轻人宣传
以此来吸引游客。

大草原
明明是卖点，
从这图上却
看不见。

将照片放大使用的方法，有纵向上下铺满和横向左右铺满两种，可根据照片构图的不同来区别使用。上面的例子，乍一看似乎还可以，但由于并未突出作为卖点的大草原，也就意味着没有将想要传递的信息传达给观看者。

在这个例子中，首先将照片横向左右铺满，在色调单一的位置载入文字。接着，为了宣传作为卖点的大草原，对图片进行了裁剪，使大草原也进入幻灯片的页面中。最终，形成了一个既充分发挥图片优势、又准确传递信息的幻灯片。

领会各种不同类型的图解

PPT中不可或缺的图解，不同的配置会产生截然不同的意义。理解了配置方法，即所谓的构图，就能做出更加简洁易懂的设计。

在**图解**中，不同的排列方法具有不同的含义，这是人们平时无意识就能感受到的。因此，违反一定的规则，就很容易使人产生违和感，为此要多加注意。图解体现出来的关系，具体可以分为“**影响**”“相互影响”“并列”“时间序列”“**层级**”等。

体现不同关系的基本图解类型

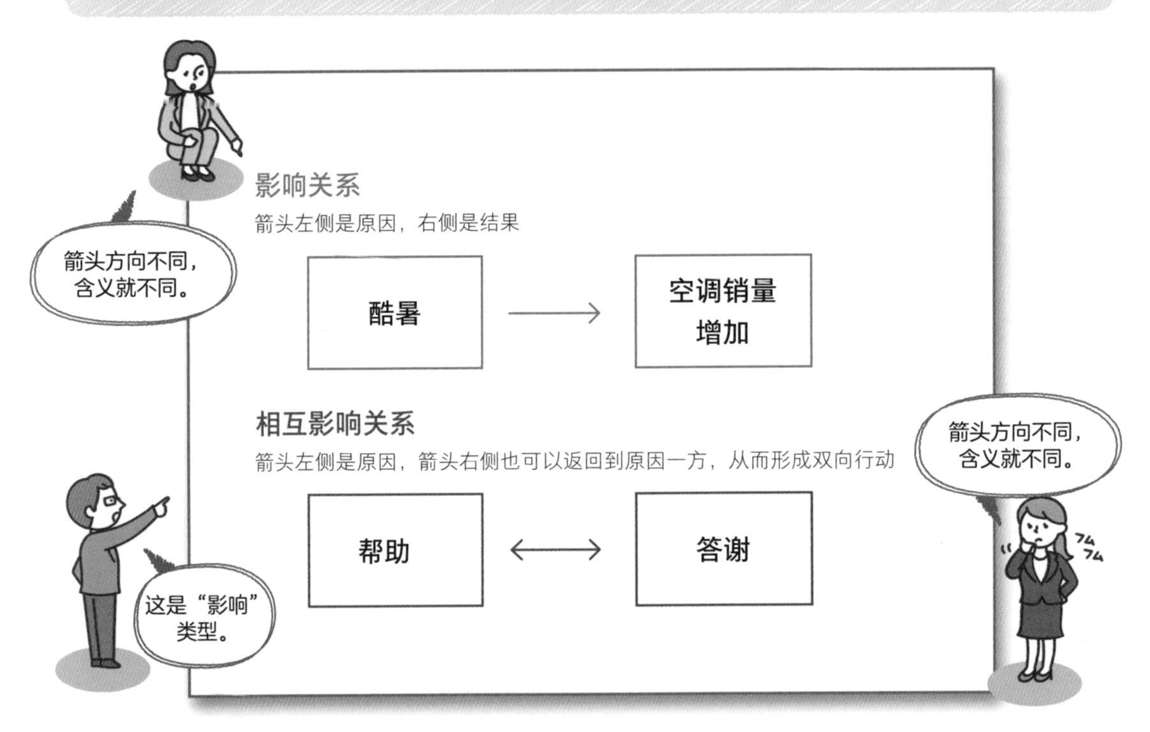

体现事物关系的构图中，使用最多的就是“影响”关系图，它是用于体现“原因和结果”的类型。由此还衍生出来一种通过双向箭头体现相互影响关系的类型。与视线的移动方向一致，即从左到右、从上到下的情况最为常见。

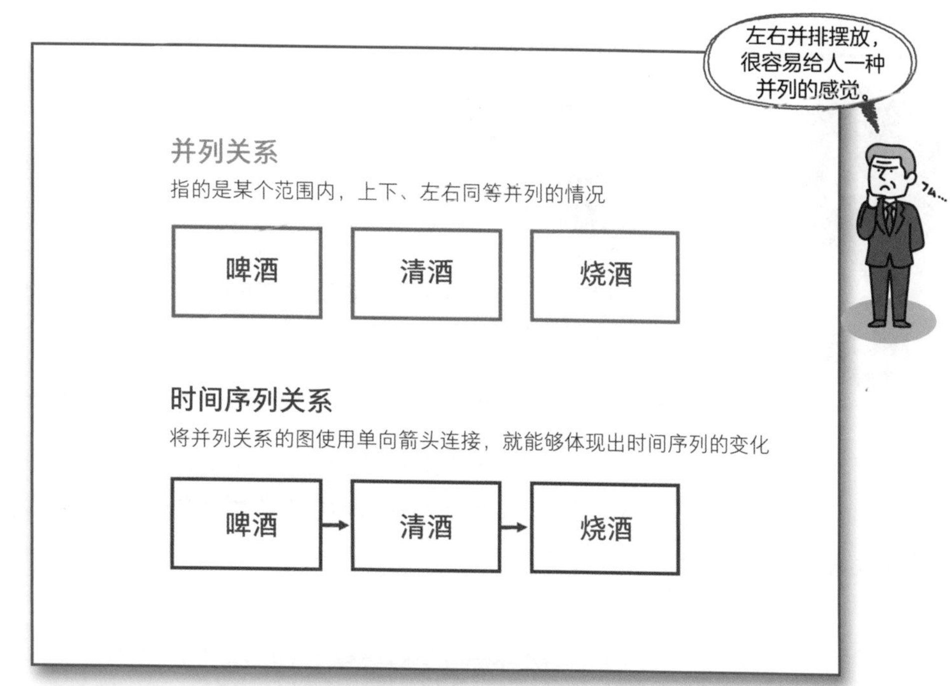

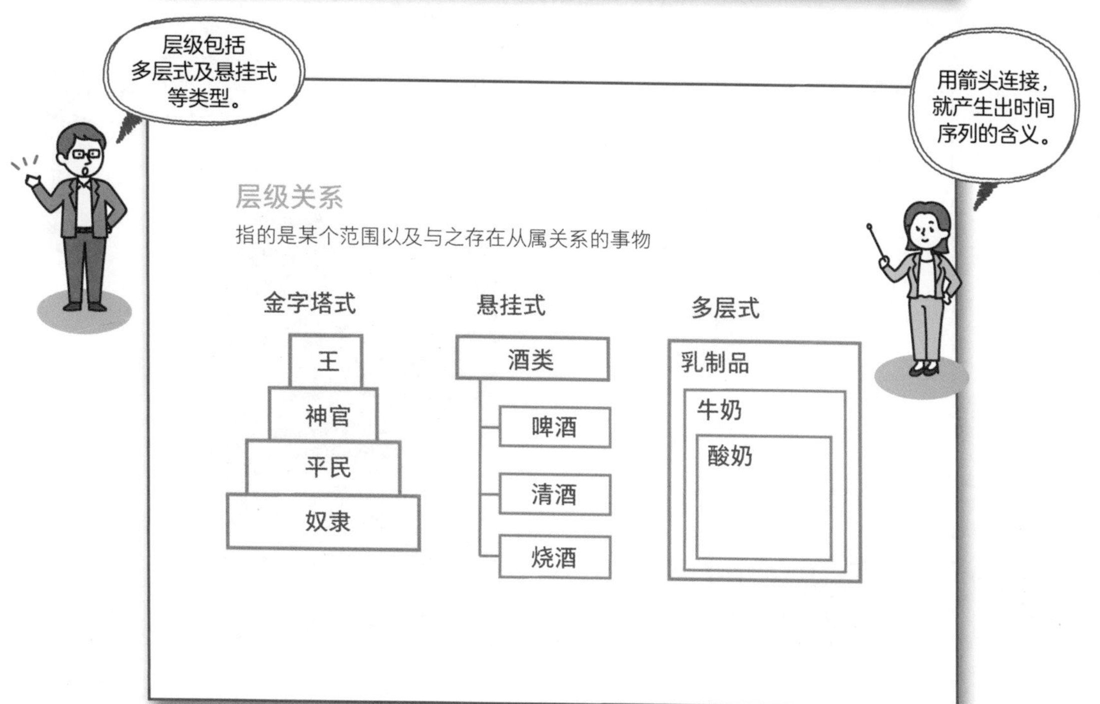

配置的类型中，包括横向排列为“并列”，纵向排列为“层级”等体现各个要素关系的构图，还包括自上而下流动的时间序列以及作为时间序列之一的循环类型。记住了这些固定的构图类型，就不会再为哪种情况下，该如何配置的问题而烦恼了。

引导线也要注重简洁

给图表或照片添加说明文字时，经常要用到引导线。但是，往往会出现配置不好，在照片上看不清楚的情况。在这一节，我们将学习引导线的制作技巧，以解决这一问题。

在图表中，即使插入了数字或文字，一般也是比较容易读取的。但是，在插图或照片中载入文字时，就会出现难以辨读的情况。虽然也可以通过改变文字色彩的方法加以解决，但更推荐大家使用引导线，将说明文字放置在图片以外。

如何制作简洁易懂的引导线

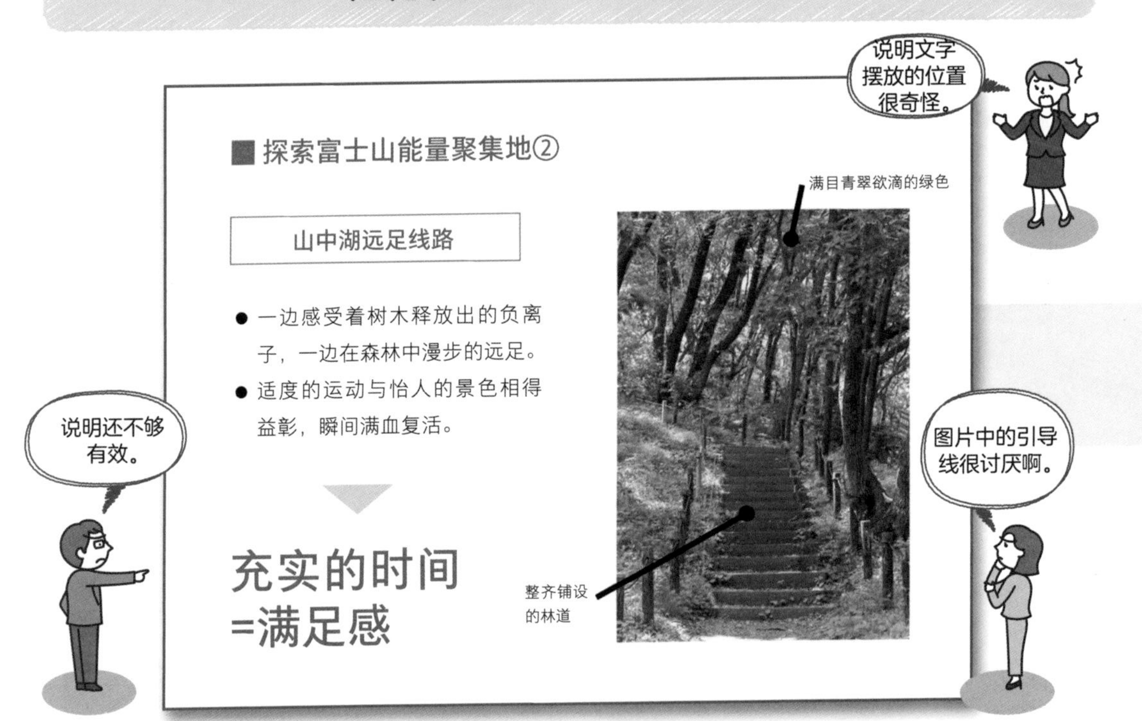

在需要对图片进行补充说明的情况下，可以采用在照片下面添加**字幕**的做法，但是，如果想要将说明文字放大凸显出来，就要使用**引导线**。需要注意的是，引导线不宜设置过粗，否则易让人产生反感。

如何给引导线涂上白边

为了让引导线更加清晰可见，画完引导线之后，在“设置图片格式”的“效果”中，选择“**发光**”为白色，并将透明度设置为0%，然后通过尺寸来调整白边的粗细。

字号6左右就很合适了。

将说明的文字也统一对齐。

■探索富士山能量聚集地②

山中湖远足线路

- 一边感受着树木释放出的负离子，一边在森林中漫步的远足。
- 适度的运动与怡人的景色相得益彰，瞬间满血复活。

充实的时间
=满足感

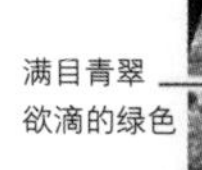

整齐铺设的林道

引导线指向哪里，一目了然。

插入多条引导线时，让各个线条**角度**保持一致，看上去会更美观。另外要注意，引导线不要将照片的重要部分截断。如需明确标出引导源时，可在引导线的起始处添加圆点。总之，作为辅助的引导线既不要过于显眼，又要清晰明了。

内容过多，则需要分页

对PPT熟悉到一定程度之后，很容易犯的一个错误就是，信息过量的问题。想要有意识地使用构图和图形，就会不知不觉地在页面里塞入大量信息，等到发现的时候，已经密密麻麻，难以辨读了。

如何整理这种塞满信息的页面呢？如果遇到“无法进行任何削减”的情况，那就只有一个解决办法了。将一页的内容分为前后两个部分来展开。

信息量需要适度

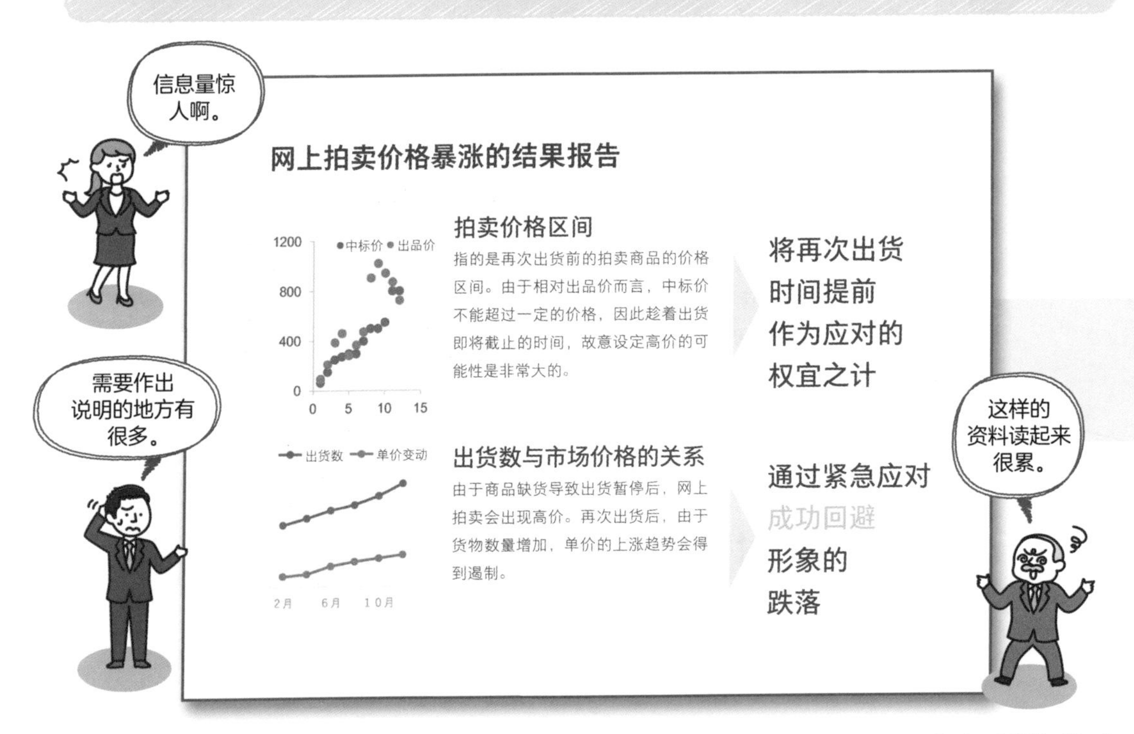

仔细斟酌需要传递的内容，认真推敲语言，只有当你认为“每个人都能完全看懂”的时候，回过头再去检查资料内容，就会发现信息填塞得过多。好好审视一下你的资料：一页中有没有超过两个以上的**结论**，有没有插入三个以上的图或表，以此为标准来进行修改。

绝大多数情况下，都可以分两步来进行说明

填塞过多，大多是因为想要把两个结论完整地展示在同一个页面内。检查一下资料的依据部分，是否也包含了“依据→结论”的要素。

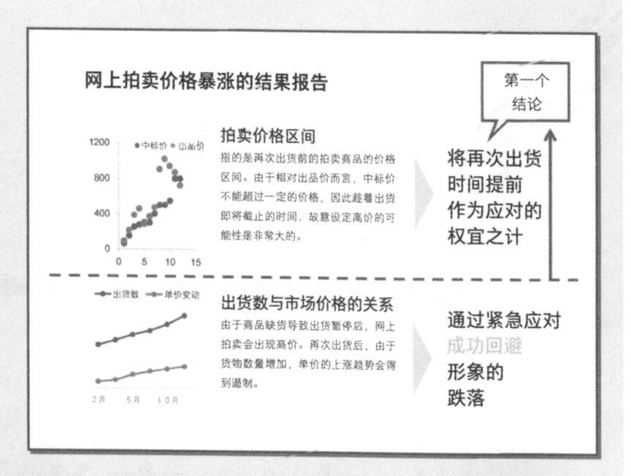

网上拍卖价格暴涨的结果报告

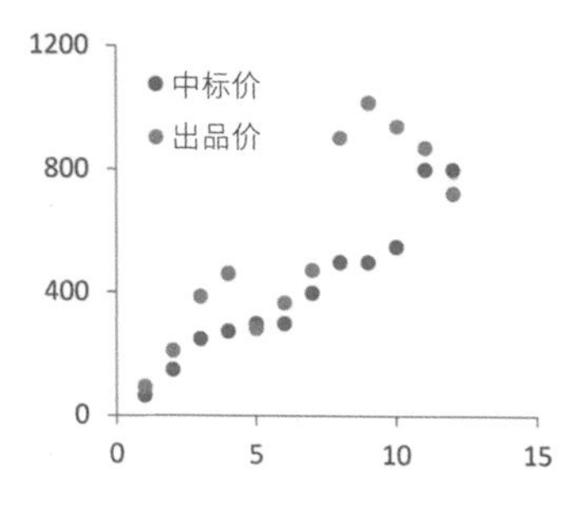

出货数与市场价格的关系

由于商品缺货导致出货暂停后，网上拍卖会出现高价。再次出货后，由于货物数量增加，单价的上涨趋势会得到遏制。

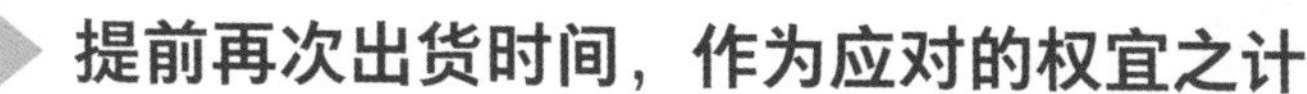

提前再次出货时间，作为应对的权宜之计

PPT的基本原则是，每一页只放置一个结论。说明前提的区域内，若存在“依据→结论”的结构图，就应该单独制作一张前提说明的页面。如果说明不满一页的话，可以将资料移至**附录**部分，然后缩短前提说明的篇幅。

专栏 04

视觉冲击篇

你应该牢记的！PPT关键词

关键词

主题

主题，指的是PowerPoint幻灯片中有关色彩、字体、背景等的默认设计类型。在幻灯片中插入表格和图形时，也可以选择兼容的主题来应用。

关键词

视觉图

视觉图，指的是文字和数据以外的插图或图片，有时也包含图解在内。它能在画面、影像、图解等方面给对方以强烈的视觉印象，近年来也被称为“信息图形”。

关键词

流程图

流程图指的是为了辅助业务或提高效率，将一个完整的过程分解为若干个步骤，再通过箭头表示的一种图形，也指这一图形化的过程。流程图可被称为过程流程图或进程映射图。

关键词

风格

风格，指的是设计、插图、照片等的创作者形成的不同创作特色。由于不同的作者会有不同的风格，不宜将多个混杂在一起。我们应该使用那些不体现个性、简洁的、有统一感的素材。

关键词

像素

构成图像的最小单位叫作点，将这些附加了色彩信息的点称为像素。图像的“图像点数”就是通过像素数来表示的，像素越高，画质越清晰，越能够放大显示。

关键词

对话框

表示台词时使用的一种工具。在PPT中也可以有效利用，形状多种多样，以椭圆和四边形为主。将对话框的小尾巴向外拉伸，可以用来指定发言者以及发言的场所。

关键词

取色器功能

取色器指的是能够提取被选对象的色彩，用来给其他对象进行色彩设定的功能。借助这一功能，也可以将照片的一部分色彩作为文字或图形的色彩来加以使用。

关键词

出血

出血是出版、印刷用语之一，指的是将对象放置于超过页面边缘的位置，裁纸时将多余的白色部分去除的方法。引申为将对象延伸至页面边缘位置的一种设计方法。

关键词

截图

截图，指的是将正在显示的电脑画面作为图像保存下来。可以对图像进行裁剪等加工处理。在幻灯片中插入有关作业流程的电脑画面时，用截图的方法是非常有效的。

关键词

剪裁

剪裁，指的是在为减少背景、将对象大幅显示等，而只展示图像的必要部分时，将图像的多余部分省略或剪切的做法。制作PowerPoint幻灯片时，在图的格式选项卡中，选择剪裁功能，也可以完成这一操作。

第5章

在实践中提高资料制作水平

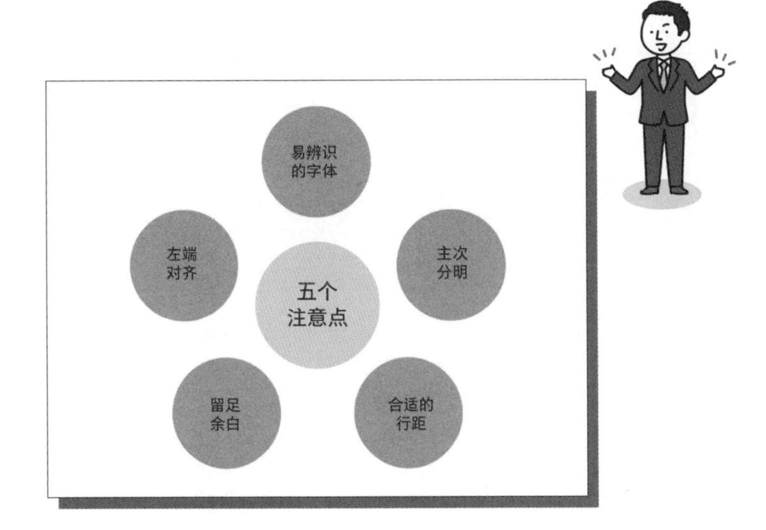

运用前面几章所学的技巧，
来尝试制作一份真正的PPT吧。
它会超越你以往所做的任何资料，
完美度不可同日而语。

失败资料的五大弊病

在前面几章介绍的大量规则和技巧中，制作PPT必须遵守的基本规则有五个。只需谨记并遵守这五个规则，就能利用PowerPoint做出一份简洁易懂、完成度高的资料。

失败资料的基本问题中，比较多见的是以下五个："字体不当""行距过窄""余白不足""没有对齐""缺少主次"。将这五个反过来，就是制作资料必须掌握的基本**规则**。这也是审视、检查一份资料是否合格时必备的五个**注意要点**。

必须牢记的五大注意点

制作PPT的五大注意点

【字体不当】
适合PPT的字体是明瞭体、UI黑体及半角黑体。

【行距过窄】
文章的行距过窄，会给人局促的印象。
行与行之间要留出0.5个字大小的空白。

【余白不足】
要在资料的上下左右都留出空白。
图形与文字距离过近也不可取。

【没有对齐】
将各个要素（文字、图形）对齐设置是制作资料的基本原则。

【缺少主次】
根据重要度来改变文字的粗细、大小及颜色。

这感觉像是从Word里直接粘贴过来的文章。

按照上面的五个基本规则来修改吧。

首先是内容的可读性问题。确认一下是否使用了识别度高的字体，行距是否合适。其次是余白问题。资料的上下左右，以及各个要素之间，如果留出了足够的空白，才是合格的资料。

使用图标时，要有必然性的意识

使用PowerPoint中的“**图标**”功能时，也要考虑其形状是否与内容和图形相符，以及插入图标是否能产生好的效果，否则图标就会成为多余的干扰要素，这一点务必要注意。

制作PPT的五大注意点

【字体不当】

适合PPT的字体是明瞭体、UI黑体

【行距过窄】

文章的行距过窄，会给人局促的

这里的
图标毫无意义，
不要用。

简洁而明了。

制作PPT的五大注意点

字体不当

适合PPT的字体是明瞭体、UI黑体及半角黑体。

行距过窄

文章的行距过窄，会给人局促的印象。行与行之间要留出0.5个字大小的空白。

余白不足

要在资料的上下左右都留出空白。图形与文字距离过近也不可取。

没有对齐

将各个要素（文字、图形）对齐设置是制作资料的基本原则。

缺少主次

根据重要度来改变文字的粗细、大小及颜色。

另外，还需要确认一下，是不是设置了左端对齐。页面整齐划一，单这一项就能让印象发生很大的改变。最后，看一下重点部分、标题以及小标题是否都突出显示了，这样主次分明的设置，才能让整个资料重点突出、张弛有度。

每页重复相同的版面设计

在PPT中必须牢记的一点就是，整体要保持统一感。例如，主题色在中途发生变化的情况当然要避免。保持设计的统一性是非常重要的。

保持资料整体设计的**统一**，与上一节提到的五个基本设计原则同等重要。即使遵循了五个基本原则，如果每次翻页时，看到的版面设计都各不相同，杂七杂八，也会让读者产生违和感，很难对资料内容留下深刻印象。

标题与设计的各种类型

这种设计突出了底色。

重复设计类型

每一个页面的
标题的设计与正文的设计要联动，因为标题也会重复显示，因此它的设计非常重要。

设计要统一
这里所说的设计，指的是与标题的设计相同，在页面上端放置加粗的字体，主题色也要与标题一致。

这是规则
无论正文的构图是横向还是纵向，页面的基本设计都是相同的。上半部分的设计、余白、小标题及正文字号也要统一。

字体及图片的插入方式也要统一。

标题和余白也要统一啊。

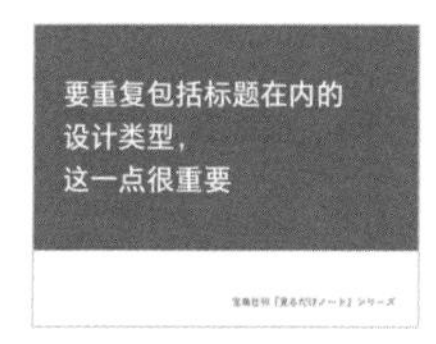

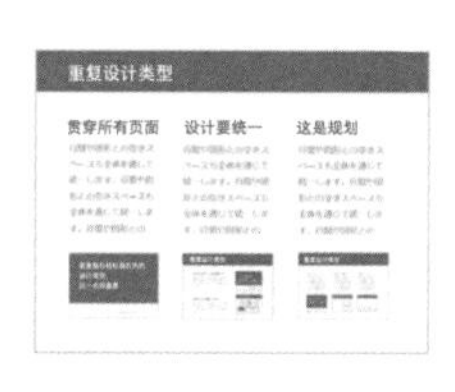

究竟什么是设计？它指的是在制作资料时，色彩、页面构图、小标题以及图形等要素的显示方式的总称。常见的错误是，每页选用不同的主题色及强调色，或者对每页的字体和余白进行更改。

重复设计类型

贯穿所有页面
每一个页面的标题的设计与正文的设计要联动，因为标题也会重复显示，因此它的设计非常重要。

设计要统一
这里所说的设计，指的是与标题的设计相同，在页面上端放置加粗的字体，主题色也要与标题一致。

这是规则
无论正文的构图是横向还是纵向，页面的基本设计都是相同的。上半部分的设计、余白、小标题及正文字号也要统一。

要重复包括标题在内的设计类型，
这一点很重要

把四周框起来，更有整齐划一的感觉。

重复设计类型

贯穿所有页面
每一个页面的标题的设计与正文的设计要联动，因为标题也会重复显示，因此它的设计非常重要。

设计要统一
这里所说的设计，指的是与标题的设计相同，在页面上端放置加粗的字体，主题色也要与标题一致。

这是规则
无论正文的构图是横向还是纵向，页面的基本设计都是相同的。上半部分的设计、余白、小标题及正文字号也要统一。

要重复包括标题在内的
设计类型，
这一点很重要

将版面设计进行统一，不仅可以让观看者集中注意力阅读内容，而且资料整体也会给人一种整齐划一的印象。另外还需注意，页面内容与标题的**风格**要一致。如果是严肃的内容、标题就不要使用娱乐感过强的设计。

要注意幻灯片尺寸的正确选用

在PowerPoint中，新建幻灯片时，页面都是按照16：9（**宽屏**）的比例来显示。但是，A4纸张横向打印时，以及大多数投影仪对应的都是4：3（标准）的比例。因此，除非该幻灯片只在电脑上显示，否则尽量避免使用宽屏画面。

在电脑以及投影仪观看幻灯片时，如果设置成16：9的宽屏画面，由于左右的空白较多，就可以配置更多的要素，或者将图片用更大尺寸显示出来。但是，现实中，投影仪不支持宽屏幕画面的情况很常见，这时就必须变更为4：3的比例。

将宽屏幕画面变更为标准比例的注意事项

一开始是宽屏幕画面吧。

解决问题的对策

消除文件的目视检查

通过应用App（文章校正软件）来削减人手，提高效率。

导入出租车预约系统

与当地的出租车建立合作制度，将上门接送完全外包出去，从而削减电话咨询业务。

在做正文之前应该进行变更。

之后再改的话，工作量会很大。

画面尺寸变更，可以在设计菜单的“**幻灯片大小**”中进行操作。进行“宽屏→标准”变更时，选择“调整大小”。要选择“最大化”，否则左右的文字会超出画面，还需要重新设置，调整起来非常麻烦，应尽量避免。

调整大小后一定要确认图像的尺寸

要修改“根据尺寸调整后”的图像的左右比例，可以单击右键，从“设置图片格式”中选择“大小”“相对于图片原始尺寸”，就可以使横向和纵向的缩放比例相同。

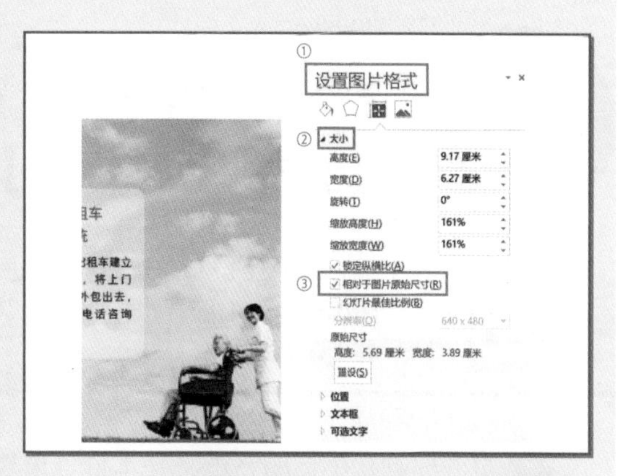

连照片的比例都可以更改的啊？！

调整页面上下的空白，会比较简单吧。

解决问题的对策

消除文件的目视检查

通过应用App（文章校正软件）来削减人手，提高效率。

导入出租车预约系统

与当地的出租车建立合作制度，将上门接送完全外包出去，从而削减电话咨询业务。

在屏幕上，左右留出空白也没有关系。

要更改幻灯片尺寸，也可以选择“标准→宽屏幕”，但是一般来说，几乎没有必要进行这样的更改。除非是使用16：9的投影仪显示时，为了避免左右留出空白，才需要将标准画面更改为宽屏幕画面。

从编辑幻灯片母版开始进行 PPT 的制作

将PPT的字体以及文字设置进行统一是非常重要的。但是，做完资料之后再检查是否统一，极其费时费力。我们可以使用PowerPoint中的“幻灯片母版”功能，就可以省去这个麻烦。

将各页的标题、小标题、正文文本框等重复使用的要素，在“**幻灯片母版**”中编辑字体以及字号大小等格式。只需调出想要使用的版面设计，就可以省去各种设置的麻烦。

幻灯片母版的制作方法

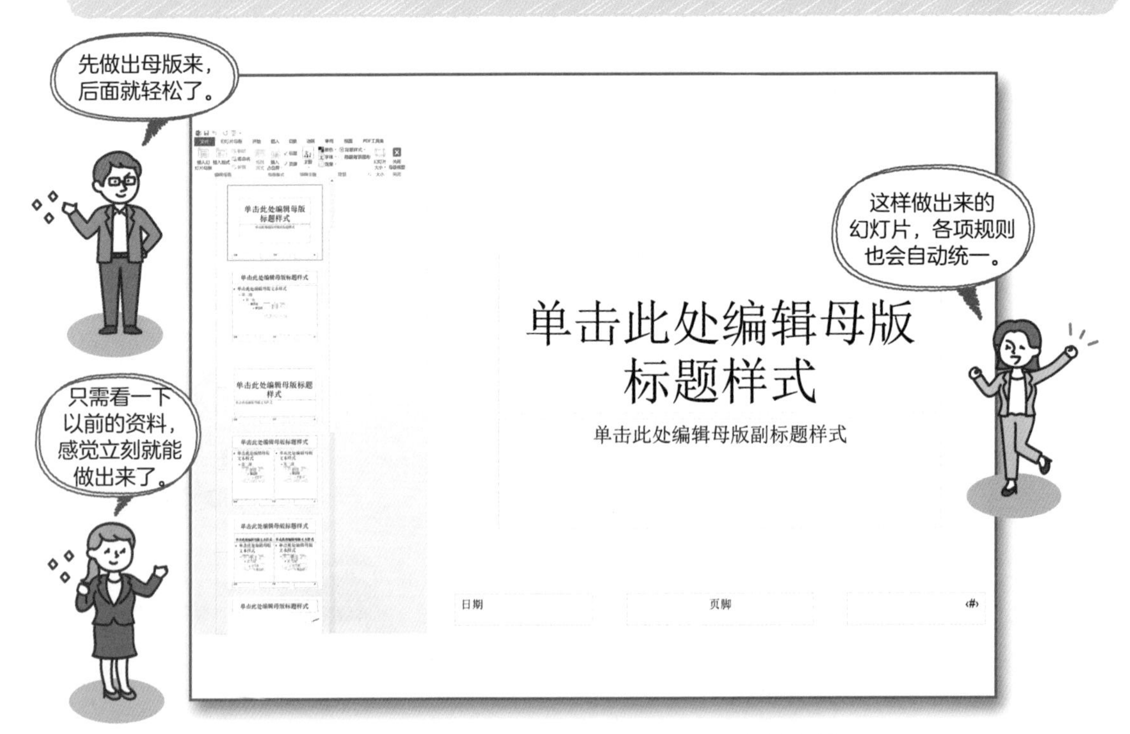

在幻灯片母版中编辑设计时，首先选择显示菜单的“**母版版式**”，通过“插入母版幻灯片”来添加新设置。最先插入的那张幻灯片母版会显示在所有页面上，除此之外的各个模式可分别设计。

调出幻灯片母版的数据

想要使用已编辑好的页面设计，鼠标右键单击新建幻灯片的缩略图，选择“设计”，注册过的母版就会显示出来，选中自己喜欢的点击就可以了。

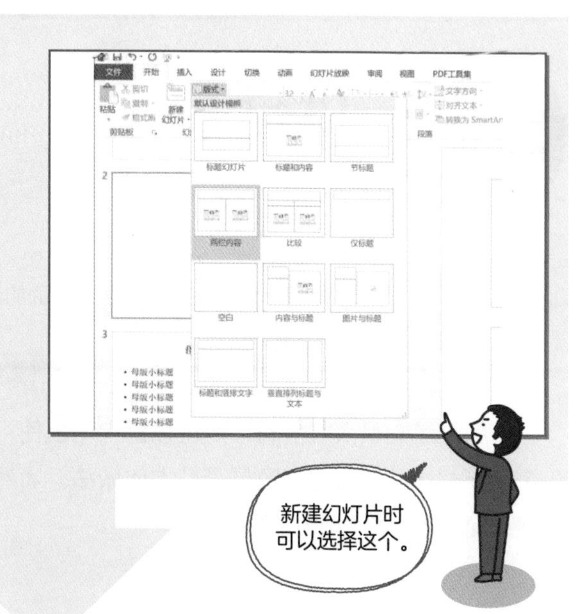

提前设计好几个版面，这会儿就很省事了。

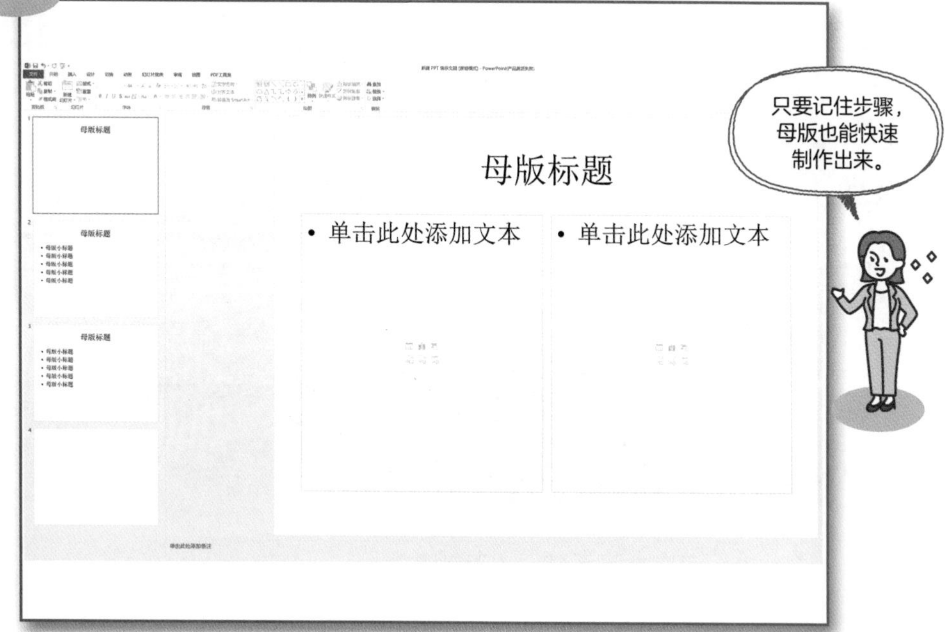

页面标题的设计，字号大小、字符间距、行距、字体、文字颜色等，全部都可以通过幻灯片母版提前设计好。创建单个页面时，基本不用修改格式。这样做，就可以形成一份整体设计感一致的资料。

设计封面

封面就是PPT的脸面。标题作为资料主旨的体现，一定要醒目，有足够的吸引力。封面的具体设计方法，与资料页面的注意事项是相同的，但是一定要有意识地将标题设计得更加突出。

标题是最先映入眼帘的，而且也是主题色使用幅度最大的，因此显得至关重要。将中间各个页面与标题页保持一致是最基本的做法。当然，为了制作起来更加方便，也可以先做好中间页面，最后再制作标题页。

要将主题设计得一目了然

写在封面上的标题，首先要将**字号**调大，然后还要体现出**主次**。在配置封面背景照片时，要避免使用画面过于复杂、影响标题载入的照片，也不要使用多张照片。由于标题一行的字数较少，如果行距过窄，就会给人非常局促的印象。

标题的行长也要平衡

标题（包括副标题在内）超过两行以上时，每增加一行，行长也会随之一点点变长或变短，这样一来就会破坏平衡感。

发挥新税法优待税制的作用

关东营业所公司用车
集体导入汽车共享制度的提案

赤塚汽车共享系统　2019.10.1

或者换行，
或者将次要文字的
字号变小。

这样设计，
长标题看起来也
清爽多了。

发挥新税法优待税制的作用

关东营业所公司用车
集体导入汽车共享制度
的提案

标题本身的
设计要能给人留下
深刻的印象。

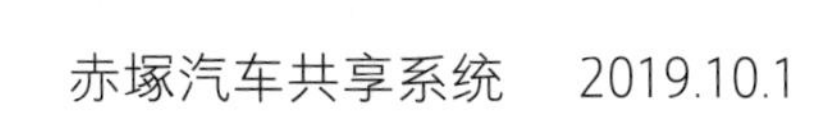
赤塚汽车共享系统　2019.10.1

行长逐渐变长或变短，就会明显地表现出单调感。这样一来，就无法感受到标题的魅力，所以，如果可以调整换行的位置，为了让每一行的长度体现出节奏感，可以插入换行符进行调整。

版面设计时要考虑阅读顺序

无须赘言，PPT是供信息接收方阅读的材料，因此，在进行版面设计时，不仅要注意单个项目，也要对页面整体的阅读顺序有清醒的意识。另外，如果资料每一页的阅读顺序都有变化，就会给人留下难以阅读的印象。

与**视线移动**方向一致的版面设计，能够减轻阅读者的负担，有助于对内容的理解。因此，在制作资料时，必须要做出能够诱导阅读者视线移动的设计。作为制作自然流程的方法，也可以搭配使用**分组**和箭头**诱导**。

人类视线的移动是从左往右，自上而下

按照什么顺序来读呢？

解决问题的三个对策

消除文件的目视检查	导入出租车预约系统	多家公交公司的运行情况表示方式
通过应用App（文章校正软件）来削减人手，提高效率。	与当地的出租车建立合作制度，将上门接送完全外包出去，从而削减电话咨询业务。	对于用户咨询较多的内容，实行全体员工共享，取消每次的检查时间。
预计支出 20万元（购入）	预计支出（每月） 保险之外30万元	预计支出（每月） 0元

没有意识到视线的移动。

PPT横向设计的比较常见，因此视线基本是按照从左到右、从上到下来的方向来移动的。需要注意的是，多个要素并列配置时，如果没有进行分组，或者各个要素间没有留出足够的空白，就有可能导致读者的阅读顺序与作者的设计意图不同的情况发生。

如此一来，各个小组的情况就很清晰明了了。

解决问题的三个对策

消除文件的目视检查

通过应用App（文章校正软件）来削减人手，提高效率。

预计支出
20万元（购入）

导入出租车预约系统

与当地的出租车建立合作制度，将上门接送完全外包出去，从而削减电话咨询业务。

预计支出（每月）
保险之外30万元

多家公交公司的运行情况表示方式

对于用户咨询较多的内容，实行全体员工共享，取消每次的检查时间。

预计支出（每月）
0元

还需要进一步整理一下。

解决问题的三个对策

消除文件的目视检查	导入出租车预约系统	多家公交公司的运行情况表示方式
通过应用App（文章校正软件）来削减人手，提高效率。	与当地的出租车建立合作制度，将上门接送完全外包出去，从而削减电话咨询业务。	对于用户咨询较多的内容，实行全体员工共享，取消每次的检查时间。
预计支出 20万元（购入）	预计支出（每月） 保险之外30万元	预计支出（每月） 0元

加上文本框进行整理，视线就完全可以按照作者的意图来移动了。

如果进行分组，阅读每组的内容时，视线就能够按照从左向右来移动。如果还是感觉有问题，那就标上**序号**来对视线进行诱导。但是，尽量设计出一份能让人自然地、毫无压力地去阅读的资料。

设计版面时也要考虑单色打印的情况

使用投影仪或大型监视器来播放PPT时，幻灯片都是彩色显示的。但是演示结束后作为资料使用时经常会采取黑白打印的方式。如果我们制作资料时考虑到了单色打印（黑白）的应对问题，那后面打印时就不需要再重新制作了。

单色打印的资料之所以不易读懂，主要是因为“**对比度**”“**明亮度**”“装饰”这三个方面的原因。设置色彩时没有注意到的部分，就会变得不易辨识，难以读懂。如果制作资料时能够意识到色觉障碍的问题，就能够很好地应对单色打印的情况了。

单色打印也能轻松阅读的才是好资料

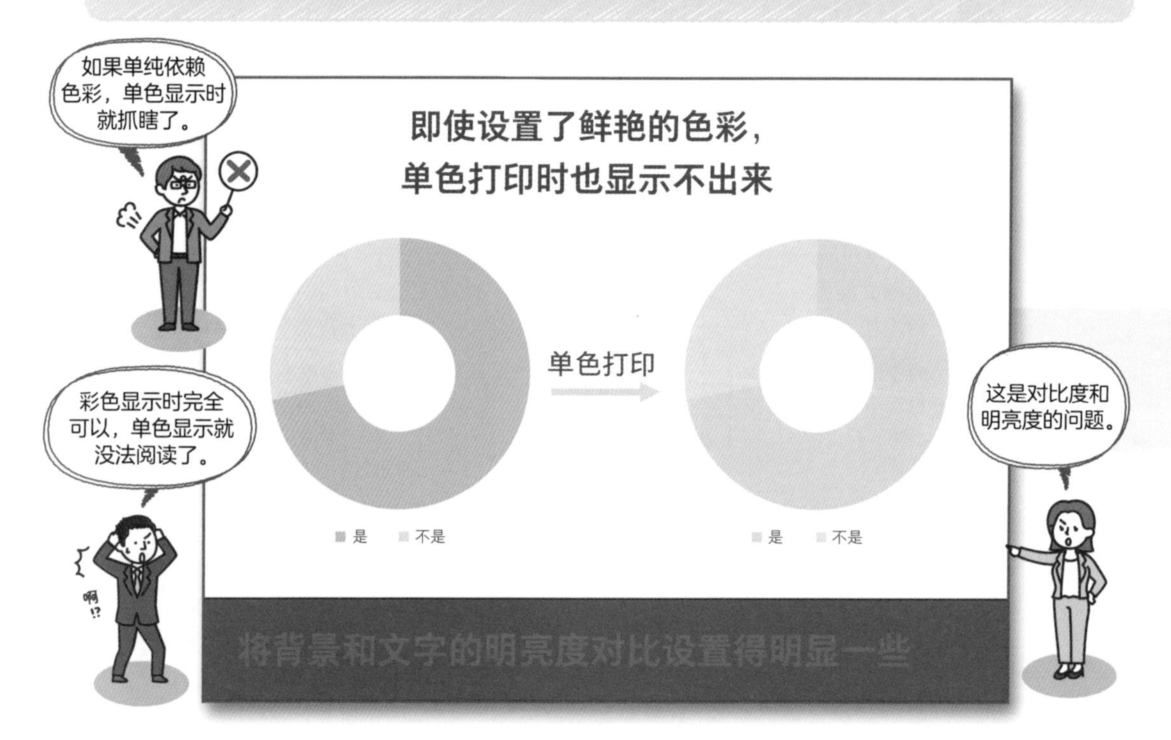

如果单色打印的可能性高，就要将文字设置成黑色，同时有背景的情况下将背景的颜色调淡，或者不要给背景配置图像。另外，带阴影的文字容易模糊，最好避免。图表的色彩区分可以通过设置明亮度差别或者加入分界线的方法来实现。

色觉无障碍化设计也能够应对单色打印

为了实现色觉无障碍化，可以改变模式，例如通过色彩填充、改变明亮度、分区填充等方法，这样的资料就能够应对单色打印。

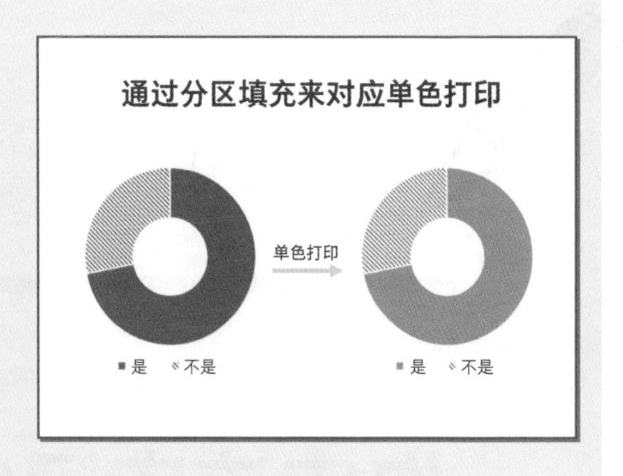

通过分区填充来对应单色打印

除了颜色，还可以使用图案。

不用重做，太好了！

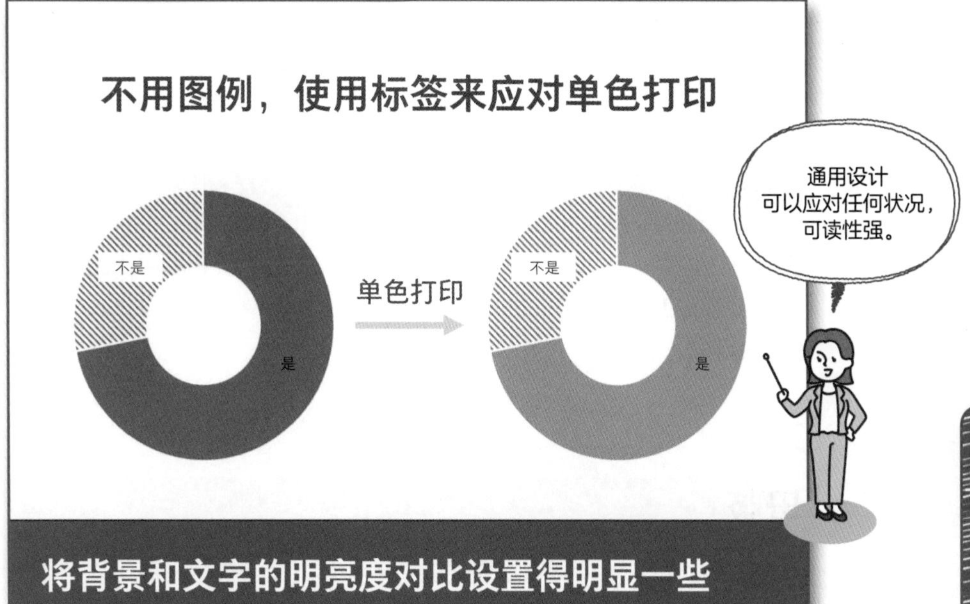

不用图例，使用标签来应对单色打印

通用设计可以应对任何状况，可读性强。

将背景和文字的明亮度对比设置得明显一些

图表的单色打印应对方法，与通用设计的思维相同，可以使用设置明亮度差别、强化对比度或者加入分界线的方法，除此之外，还可以用不将色彩涂得太厚，而使用**图案填充**的方法来加以区分。

专栏 05

你应该牢记的！

PPT关键词

实践篇

关键词

图标

图标指的是将特定的商品或者事物、行为等简单明了表示出来的小图形符号。电脑的应用程序图标也属于其中的一种。其中有很多设计是用来表示程序内容的。

关键词

母版

母版在PowerPoint中指的是格式的模板。通过变更母版，就可以自动地将变更后的格式反映在所有其他幻灯片上。

关键词

对比度

对比度指的是图像中色彩、亮度以及形状的差异。明亮差异度大、可视性高就表现为对比度高。反之，明亮度差异不明显的就表现为对比度低。

关键词

明亮度

明亮度是“色彩三种属性”之一，指的是颜色自身的亮度。色彩的明亮度越高，就越接近于白色，明亮度越低，就越接近于黑色。即使原来的颜色相同，如果改变明亮度，也会变成不同的颜色。

关键词

复制格式

将设定于某个对象的色彩、字体等格式，应用于其他对象，就称为复制格式。选择“复制/粘贴格式”选项卡，就可以对格式进行简单的复制。

关键词

图形效果

为对象设置阴影、反射、光彩夺目、模糊、3D格式、3D旋转以及辐射效果等。在PowerPoint中，制作者可以从“图形工具栏”选择格式图的图形样式、“图形效果”来进行调整。

关键词

区域

区域是指将每张幻灯片设置成不同尺寸的页面，或者将幻灯片的一部分设置为列时使用的范围。制作者可以从页面版式标签的分隔符中设置“分区”。

关键词

播放演示文稿

播放指的是将做好的演示文稿，用投影仪等作为幻灯片显示出来的功能。选择演讲者视图时，除了可以显示下一张幻灯片，还可以显示个人自行输入的备注内容。

自学笔记

自学笔记

自学笔记

自学笔记